U0319137

高温熔融金属遇水爆炸

王昌建　李满厚　沈致和　林　栋
　王　骞　宋敬鸽　汪江涛　　著

北　京

冶 金 工 业 出 版 社

2023

内 容 提 要

本书内容主要包括：高温熔融金属遇水爆炸理论基础、整体工业概况、案例及分析；高温熔融金属撞击水面诱发蒸汽爆炸、碎化以及动力学行为；水滴撞击高温熔融金属液面的动力学行为等。

本书既可供冶金、安全、核工业等领域的工程技术人员阅读，也可供大专院校相关专业的师生参考。

图书在版编目（CIP）数据

高温熔融金属遇水爆炸/王昌建等著 . —北京：冶金工业出版社，2021.6（2023.10 重印）

ISBN 978-7-5024-8723-2

Ⅰ.①高… Ⅱ.①王… Ⅲ.①熔融金属—冷却—爆炸 Ⅳ.①TF044

中国版本图书馆 CIP 数据核字（2021）第 019223 号

高温熔融金属遇水爆炸

出版发行　冶金工业出版社	电　　话　(010)64027926	
地　　址　北京市东城区嵩祝院北巷 39 号	邮　　编　100009	
网　　址　www.mip1953.com	电子信箱　service@ mip1953.com	

责任编辑　郭冬艳　美术编辑　郑小利　版式设计　禹　蕊
责任校对　郑　娟　责任印制　禹　蕊
北京富资园科技发展有限公司印刷
2021 年 6 月第 1 版，2023 年 10 月第 2 次印刷
710mm×1000mm　1/16；13 印张；254 千字；199 页
定价 96.00 元

投稿电话　(010)64027932　投稿信箱　tougao@ cnmip. com. cn
营销中心电话　(010)64044283
冶金工业出版社天猫旗舰店　yjgycbs. tmall. com
（本书如有印装质量问题，本社营销中心负责退换）

前　言

当两种化学成分不同，彼此互不混合，且温度差异较大的液体直接接触时，若流体界面温度远高于低温流体沸点，会引起低温流体的剧烈蒸发和沸腾，同时由于界面的不稳定性，高温流体会发生碎化，大大增加了两者之间的传热面积，该过程迅速传播，导致低温流体产生爆发式的沸腾并急剧膨胀，这种行为即是典型的蒸汽爆炸过程。蒸汽爆炸会伴随产生压力脉冲，具有显著的破坏力，可能引发重大安全事故。核能领域也很早就注意到其潜在的危害性，并陆续开展相关研究，随着核反应堆事故在美国、前苏联等国家的多次发生，尤其是三哩岛核事故和切尔诺贝利核事故，FCI（fuel-coolant interaction）过程受到了极大的重视。同样，金属冶炼过程中熔融金属液与冷却水非正常接触引起的蒸汽爆炸是冶金工业生产中的严重危害之一。

早在20世纪50年代，国际上就有一些机构开始对高温熔融物和冷却剂之间的相互作用过程开展研究，在水滴撞击熔融金属表面、熔融金属液滴撞击冷却水以及熔融金属液柱撞击冷却水等有关熔融金属与冷却水相互作用过程的多个方面，均已有很大进展。当熔融金属接触冷却水后，由于两者的温度差相对较大，与熔融金属接触的冷却水将会发生稳定的膜态沸腾。因此，熔融金属和冷却水之间将会产生一层具有一定厚度的蒸汽膜，使熔融金属与冷却水不能发生直接接触。且由于蒸汽膜的热导率极低，故高温熔融金属与冷却水之间的剧烈传热被大幅度抑制。前人认为熔融金属液滴的碎化通常可分为水力学碎化和热力学碎化。前者主要受瑞利-泰勒及开尔文-亥姆霍兹不稳定性的影响，后者主要受熔融金属液滴周围热流体热能传递的影响。尽管前人研究已经获得很好的实验结果，得到有用的结论，但是目前对FCI

两者反应现象的一些具体行为、蕴含机理及后果预测仍未完全研究清楚，还不能形成一致的结论。

　　本书在总结过去研究工作的基础上，阐述高温熔融金属遇水爆炸基础理论、技术方法及研究成果。全书共分为8章。第1章介绍了高温熔融金属遇水爆炸研究背景及事故案例。第2章介绍了高温熔融金属遇水爆炸理论基础。第3章、第5章、第7章及第8章阐述高温熔融金属撞击水面诱发蒸汽爆炸、碎化以及动力学行为，包括熔融锡撞击水面、熔融铅撞击水面、熔融铜撞击水面和熔融铝撞击水面。第4章及第6章阐述水滴撞击高温熔融金属液面的动力学行为，包括水滴撞击熔融锡液面和水滴撞击熔融铅液面。本书由王昌建、李满厚、沈致和、林栋、王骞、宋敬鸽及汪江涛共同撰写，其中第4、第6及第7章由王昌建和林栋撰写，第1、第2及第5章由李满厚和宋敬鸽撰写，第3及第8章由沈致和、王骞和汪江涛撰写。全书最后由李满厚统稿、王昌建审稿。

　　本书的研究工作得到了国家重点研发计划项目"高温熔融金属作业事故预防与控制技术研究"（项目编号：2017YFC0805100）的资助，以及其他课题的支撑，特向支持和关心作者研究工作的所有单位和个人表示衷心的感谢。本书内容是团队协作、集体攻关的结果，在此，作者还要感谢团队研究生王晨曦、刘子健和陈龙为本书编写所做的大量工作。书中部分内容参考了相关单位或个人的研究成果，均已在参考文献中列出，在此一并表示感谢。

　　由于作者水平所限，加之时间仓促，书中不妥之处，恳请广大读者不吝赐教。

作　者

于2020年9月

目　录

1 绪　论

<<<<<<<<<<<<<<<<<<<<<<<<<<<<<<<<<<<<<<<<<<<<<<<<<<<<<<<<<<<<<<<<<<<<<<<<<

1.1　研究背景

当两种化学成分不同，彼此互不混合，且温度差异较大的液体直接接触时，若流体界面温度远高于低温流体沸点，会引起低温流体的剧烈蒸发和沸腾，同时由于界面不稳定性，高温流体会发生碎化，大大增加了两者之间的传热面积，该过程迅速传播，导致低温流体产生爆发式的沸腾并急剧膨胀[1,2]。这种蒸汽爆炸过程形成迅速，伴随产生压力脉冲，在某些条件下具有显著的破坏力，可能引发重大安全事故[3~5]。对于高温熔融物和冷却剂之间的相互作用过程（Fuel-Coolant Interaction，FCI），核能领域也很早就注意到其潜在的危害性，并陆续开展相关研究，随着核反应堆事故在美国、苏联等国家多次发生，尤其是三哩岛核事故和切尔诺贝利核事故，FCI 过程受到了极大的重视。

随着现代工业的高度发展，对冶金的需求出现了前所未有的快速增加，因此冶炼过程的安全问题也成为了研究热点，熔融金属液与冷却水非正常接触引起的蒸汽爆炸会造成重大人员伤亡和财产损失，是冶金工业生产中的严重危害之一。早在 20 世纪 50 年代，国际上就有一些机构开始对高温熔融金属和水之间的相互作用开展研究[6,7]。1998 年，广东某铝厂熔融炉内 200 多公斤高温铝液由于铝棒"铸穿"而与冷却水大面积接触，引发剧烈蒸汽爆炸，造成 7 死 1 重伤，另外，远处有 4 人轻伤，据估算其爆炸能量相当于 230kg TNT 烈性炸药[8]。2010 年，甘肃某铝厂熔铸过程中铝液泄漏引发爆炸，导致厂房部分倒塌，造成 27 人受伤，其中 5 人重伤。2012 年，辽宁某重型机械厂铸钢车间内进行大型铸钢件的浇铸过程时，砂型型腔内发生严重喷爆事故，现场造成 13 人死亡，6 人重伤，11 人轻伤，是我国历史上最严重的砂型喷爆事故，通过现场勘察和分析，认为直接原因是蒸汽爆炸。由于地坑防水层失效导致砂床底部积水，积水和浇铸后的熔融钢液接触迅速汽化，蒸汽膨胀，压力骤增[9]。

在世界核能应用的历史上，曾发生过诸如切尔诺贝利核事故、三哩岛核事故和福岛核事故[10]这样的重大安全事故，不仅对当地的居民和环境造成了毁灭性的打击，也对核科学的发展，尤其是对核安全科学的发展产生了深远的影响。在核能领域中，高温燃料与冷却剂相互作用引发的蒸汽爆炸曾多次发生。1961 年，美国爱达荷州国家反应堆试验站，在维护过程中工作人员上提控制棒导致出现故障，功率飙升使燃料元件融化喷射入冷却水中，引发蒸汽爆炸，产生的瞬时压力波预计达到 70MPa，破坏了压力容器周围的连接管道[11]；1986 年，苏联切尔诺贝利核电厂 4 号反应堆，由于机组故障导致功率迅速超出正常状态，引起高温熔融燃料喷射到冷却水中，形成的剧烈蒸汽爆炸完全破坏了堆芯[12]；2011 年，日本福岛核电站发生故障，监测结果指出在事故发生时，3 号机组压力容器内压力急剧增加到 12MPa[13]，其原因可能是堆芯熔化物与容器下封头内的冷却剂直接接触引发了蒸汽爆炸。

1.2　冶金工业整体情况概述

冶金工业是指开采、精选、烧结金属矿石并对其进行冶炼、加工成金属材料的工业部门。分为：（1）黑色冶金工业，即生产铁、铬、锰及其合金的工业部门，它主要为现代工业、交通运输、基本建设和军事装备提供原材料；（2）有色冶金工业，即生产非黑色金属的金属炼制工业部门，如炼铜工业、制铝工业、铅锌工业、镍钴工业、炼锡工业、贵金属工业、稀有金属工业等部门[14]。

冶金行业是国家重要的基础产业，也是国民经济的重要组成部分。根据国家统计局与前瞻产业研究院的统计，我国近些年冶金工业的产量如下：

2012~2019 年我国生铁产量统计情况如图 1-1 所示，2012~2019 年我国生铁产量呈现波动增长，在 2015 年，我国生铁产量出现下滑；2016~2019 年我国生铁产量逐步增长，2019 年生铁产量达到 8.09 亿吨，同比增长 4.97%。截止至 2020 年 1~4 月，我国生铁产量达到 27798.7 万吨，同比增长 1.3%。

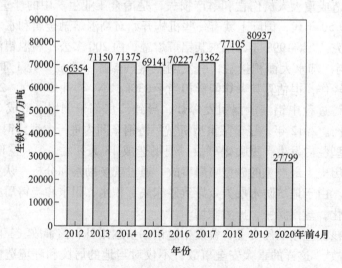

图 1-1　中国生铁产量统计情况图（万吨）

2012~2019 年我国粗钢产量统计情况如图 1-2 所示，2012~2019 年我国粗钢产量波动上升，在 2015 年，我国粗钢产量出现下滑；2016~2019 年我国粗钢产量逐步增长,2019 年粗钢产量为 9.96 亿吨,同比增长 7.36%。截止至 2020 年 1~4 月,中国粗钢产量达到 31946 万吨,同比增长 1.3%。

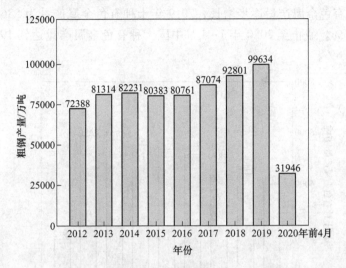

图 1-2　中国粗钢产量统计情况图(万吨)

2012~2019 年我国钢材产量统计情况如图 1-3 所示,2012~2019 年我国钢材产量波动上升,2010~2014 年我国钢材产量逐年上涨,2015~2017 年钢材产量出现下滑,2018 年我国钢材产量有所回升,2019 年我国钢材产量为 12.05 亿吨,同比增长 8.98%。截止至 2020 年 1~4 月,中国钢材产量达到 37439 万吨,同比下降 0.2%。

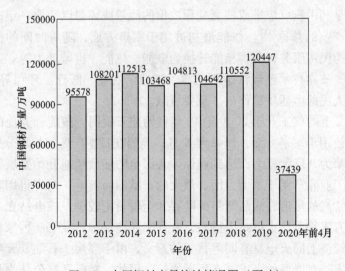

图 1-3　中国钢材产量统计情况图(万吨)

2012~2019 年我国十种有色金属产量如图 1-4 所示，2012~2019 年我国十种有色金属产量波动上升，2015 年我国十种有色金属产量出现下滑；2016~2019 年我国十种有色金属产量逐步增长，2019 年十种有色金属产量为 5866 万吨，同比增长 2.86%。截止至 2020 年 1~4 月中国十种有色金属产量达到 1912.4 万吨，同比增长 2.6%。

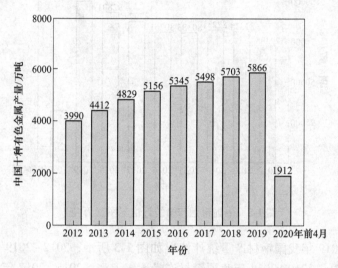

图 1-4　中国十种有色金属产量统计情况图（万吨）

1.3　核工业整体情况概述

核工业是利用核反应堆或核衰变释放出的能量或辐射以获取一定的经济效益或社会效益产业的总称[15]。核能最初被用于军事方面，随着时间的推移，核工业陆续转向为民用服务，如将核能转换为电能、热能、机械动力等。经过半个多世纪的发展，核能技术已经渗透到能源、工业、农业、医疗、环保等各个领域，为提高各国人民的生活质量作出了重要贡献。

真正意义上的核工业于 20 世纪 40 年代始建于美国，核能和其他的高新科技一样，首先被用于军事方面，1945 年 8 月，美国在日本广岛和长崎分别投下原子弹，全世界都为其巨大威力而感到震惊。各国也陆陆续续地开始发展核工业，时至今日，核工业除了用于军事方面，最大的贡献即为核电。与有机燃料相比，核燃料具有异常高的热值，成品燃料的贮存和运输费用较少。核电站在正常运行情况下释放的有害物质比火电站少得多，有利于环境保护。在一些国家和地区，核电已经能在经济上同火电具有同等重要的意义。由于煤炭、石油、天然气、水资源有限，而人类对能源的需求又在不断增长，因此，核电已被公认为是一种重要的能源，大力发展核电已成为世界能源发展的总趋势[16]。

　　核电站是利用核分裂或核融合反应所释放的能量产生电能的发电厂[17]，1954 年，苏联利用石墨水冷生产堆的经验，在奥布宁斯克建成了世界上第一座核电站。此后，苏联就一直在开展有关大型的、具有经济效益的核电站建设的研制开发工作，并以较快速度建设了一批核电站[18]。在 2019 年全世界正在运行的核电站中，美国最多，达 104 座。我国的核工业创建于 1955 年，70 年代初，我国开始核电站的研究，1983 年 6 月，中国第一座自行设计的 30 万千瓦的核电厂"秦山一期"破土动工。随后引进法国技术，在广东省大亚湾建设了 2×90 万千瓦的大型核电站。截至 2019 年 10 月，我国已建成 19 个核电站。2019 年 1~12 月，我国 47 台运行核电机组累计发电量为 3481.31 亿千瓦时，占全国累计发电量的 4.88%，如图 1-5 所示[19]。

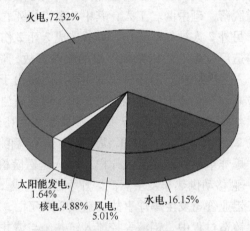

图 1-5　中国不同发电方式发电量所占的百分数

1.4　爆炸事故数据统计及分析

1.4.1　概述

　　随着全球范围内冶金行业的兴起，冶金事故频发，造成了大量的经济损失和人员伤亡。大多数爆炸事故的发生都是因为熔融金属与水接触发生了碎化，传热面积急剧增加，从而促进冷却剂的迅速蒸发，产生大量的高压蒸汽，高压蒸汽在很短的时间内膨胀，引起蒸汽爆炸[20~22]。就国内而言，就有上千起冶金事故发生，造成 1200 多人受伤，100 多人死亡。比如：1998 年，广东某铝厂熔融炉内200 多公斤高温铝液由于铝棒"铸穿"而与冷却水大面积接触，引发剧烈蒸汽爆炸，造成 7 死 1 重伤，另有远处 4 人轻伤，据估算其爆炸能量相当于 230 公斤TNT 烈性炸药[8]；2002 年 9 月，广西南宁市某铸造厂在浇筑完最后一炉铁水后，在清理炉渣时高温炉渣和残留铁水与炉底积水接触，瞬间产生大量水蒸气，造成蒸汽爆炸，水蒸气与高温焦炭混合后形成水煤气，并引发二次爆炸。事故造成 1 人死亡，4 人重伤[23]；2006 年 3 月 30 日，河北某钢铁厂高炉炉顶发生悬料，为了维持炉顶的温度在 350℃以下，对其持续性的打水降温，附在物料上的水遇高温后分解，造成炉内压力陡然超过临界值，发生爆炸事故，致使 6 人死亡，6 人受伤；2007 年，位于山东省境内的某集团下属的母线铸造分厂发生了铝液外溢重大蒸汽爆炸事故，造成 16 人遇难，59 人受伤，其中 13 人重伤，经济损失高达 650 多万元[24]；2011 年 6 月 2 日，湖北某钢厂转炉进水，动炉发生爆炸，爆炸气浪将铁皮房掀翻，造成 3 人受伤；2011 年 9 月，湖南某钢铁有限公司宽厚板厂 5 号转炉在出完一炉钢水后进行清炉，在清炉过程中，转炉托圈突然漏水导致大量的高温熔融金属与冷却水直接接触产生大量蒸汽，瞬间形成强大的冲击波，致使转炉上方的除尘管道脱落，砸中两名工人，其中一名当场死亡，另一名在送往医院的途中不幸身亡，另外 2 人被气浪烧伤，事故造成 2 死 2 伤；2012 年 2 月，辽宁某有限责任公司铸造厂发生有史以来最严重的喷爆事故，造成监管人员 13 人死亡，6 人重伤，11 人轻度烧伤。爆炸事故的主要原因是由于地坑渗水，造成地坑底部沙床含水量过高，在浇铸第二罐钢水时，积水遇到高温钢水迅速蒸发产生蒸汽，并引起蒸汽爆炸；2012 年 12 月 17 日上海某炼钢厂在进行铁水扒渣作业时，行车正在吊运的 270t 温度高达 1300℃铁水包突然坠落倾翻，倾覆出的铁水遇空气中水蒸气发生爆炸事故，造成 2 人死亡，12 人送医院检查，其中 5 人留院治疗；2017 年上海一辆移动供热车发生蒸汽爆炸事故，造成 1 死亡 1 重伤；2018 年 4 月，山西永济某铝业公司发生爆炸事故，造成 3 人死亡，3 人受伤。经调查，该事故系企业在铝棒铸造过程中，铝液失控流入铸井，与铸井中的水接触导致发生爆炸。上述事故大多有一个共同点，就是泄漏的熔融金属与冷却水或其他易挥发的冷却剂接触，冷却剂受热急速升温，导致其由液态迅速蒸发为气态，体积急速膨胀，从而发生爆炸[25, 26]。爆炸所产生的能量巨大，会加强爆炸范围内的扰动，加剧熔融金属的溅射，破坏力极强，被视为"较大危险因素"。

1.4.2　冶金工业熔融金属遇水爆炸事故案例

下面详细阐述冶金工业几个典型的熔融金属遇水爆炸事故。

1.4.2.1　上海某钢铁厂化铁炉铁水爆炸事故

（1）事故介绍。1958 年 11 月 30 日，该钢铁厂的 2 号化铁炉开始运行，因为耐火砖质量不是很好，12 月 3 日，有人发现出铁槽旁的钢板被烧穿，并且有铁水泄漏出来，于是当即进行抢修，修好后于 4 日又发现前炉出铁槽旁漏铁水，马上又进行了抢修，并用镁砂白泥来堵塞住，但是还是有少量铁水流入出铁坑内，于是浇了一些水使铁水凝结，随后用车将凝结的铁块运走，由于浇水的缘故出铁坑内稍有潮湿,随后继续进行生产,4 日下午 5 时左右,再一次发现前炉出铁槽旁漏铁水,不久之后出铁槽与前炉连接处的两旁钢板被烧穿,大约有 12t 的铁水全部流入了出铁坑。5 时 25 分左右,当铁坑中的盛铁桶吊起时,坑中的铁水突然猛烈地爆炸,铁水朝着东南面空中成扇形四处飞溅,受害范围高约为 20m,远约为 40m。事故造成伤亡 34 人,其中死亡职工 5 人,伤 29 人。

(2) 事故原因。2 号化铁炉出铁坑内潮湿的环境是造成这次铁水爆炸事故的主要原因。当初建设新转炉厂房和设备设计时,并未采用铁坑用钢板沉箱,以防地下水渗入的方案,而是只用钢筋水泥浇好。在坑浇好之后有漏水的现象,虽然过去曾数次用防水装修补,还是没有彻底解决,再加上生产后,不断有溢出的渣液铁水流入出铁坑,底部水泥被渐渐的烧损,逐渐失去了防水的作用,所以地下水渗入,便造成出铁坑内经常处于潮湿的环境。2 号化铁炉前炉钢板被烧穿,铁水流入出铁坑内,是造成这次爆炸的直接原因。

1.4.2.2 广东省某铝业公司爆炸事故[27]

(1) 事故介绍。2011 年 6 月 2 日,广东省某铝业公司发生爆炸事故。该铝业公司发生爆炸事故时,爆炸的中心点为热顶铸造机(结晶器)系统设备的深井中心,爆炸产生的巨大的冲击波将厂房屋面掀翻,在爆炸中心点上方的屋面形成一个大约 0.20m 无障碍物的天窗。公司附近 100~200m 的厂房、铝合金玻璃门窗等受到冲击波或爆炸物体打击,遭到不同程度的损坏。其中相距爆炸中心约 200m 正在建设的一间工厂,其中间隔一条水泥马路,两厂间隔了两堵围墙各约 2m 高,在爆炸发生后,该工厂面向爆炸点的厂房,一层采光的铝合金窗全部朝爆炸中心方向凸出变形。爆炸点地下设施、水、电管线和架空的烟道、起重设备等均被损坏,事故造成 3 人死亡,8 人重伤。

(2) 引起爆炸的原因。本次爆炸事故调查的结果表明;由于操作者存在失误的行为,导致大量 700℃ 以上高温的铝合金熔体进入深井水中,铝合金与水的热量传递使水温急剧上升,水剧烈气化和分解,这是促成爆炸形成的原因。

1.4.2.3 山东省某有限公司较大铁水外溢爆炸事故[28]

(1) 事故发生经过。2016 年 4 月 1 日,山东某有限公司 2 号炼钢厂混铁炉生产区,混铁炉在运行过程发生铁水外溢,外溢铁水流入受铁坑内,接触到潮湿的地面发生爆炸,致使受铁坑上方两台行车驾驶室内的 2 名行车司机当场死亡,1 名维修工人重伤、1 人轻伤、2 人轻微伤,直接经济损失大约 454.74 万元。

(2) 事故原因。对在混铁炉平台设置水管和受铁坑内积水问题治理不到位,事故发生时,由于电动控制混铁炉无法复位,气动应急装置和机械装置应急手柄失去了应急处置的功能。混铁炉出铁过程中失控,铁水外溢,外溢的铁水与受铁坑内潮湿地面或积水接触,巨大的温差使水迅速蒸发,体积急剧膨胀,并发生了爆炸，这是事故发生的直接原因。另外吊运区域附近平台、厂房立柱并未采取防铁水喷溅措施，受铁坑内的电气线路也未采取隔热措施，才导致铁水熔断电器线路，发生电网短路停电等问题，进一步扩大了损失。

1.4.2.4　河北省某铸件厂爆炸事件[29]

（1）事故发生经过。2014 年 6 月 13 日，工人清理铸造车间北侧 4 号电炉下的废渣。将废渣清理至料斗后，准备用天车吊运料斗将废渣倒入 4 号电炉旁的翻斗车内。此时天车在铸造车间南侧 1 号电炉位置处（距离 4 号电炉约 70m），一名工人便前往 1 号电炉位置，准备把天车开过来。7 时 20 分左右该工人到达 1 号电炉位置处。此时，该铸件厂铸造车间班长在车间连铸机平台上（连铸机平台高约 7m，在 1 号电炉南侧约 10m 处），正安排工人将需要维修的中间包吊运至地面。7 时 30 分左右，中间包翻倒在地面上，中间包内残渣及残留的铁水遇地面积水发生爆炸。造成 1 人死亡，直接经济损失约 70 万元。

（2）事故原因。将中间包吊运至铸造车间 1 号电炉旁地面时，中间包翻倒在了存有积水的地面上，由于中间包内有残留的铁水，这些铁水和地面的积水相互作用，产生大量蒸汽，发生了爆炸。

1.4.2.5　山东某公司铝液外溢爆炸重大事故[24]

（1）事故发生经过。2007 年 8 月 19 日，山东某公司所属铝母线铸造分厂生产乙班接班组织生产。晚上 7 时左右，混合炉开始向 2 号普通铝锭铸造机供铝液用于生产普通铝锭，7 时 45 分左右，混合炉的炉眼铝液流量异常增大。约 8 点 10 分发生剧烈爆炸。爆炸造成厂房东区 8 跨顶盖板全部塌落，中间 5 跨的钢屋架完全严重扭曲变形且倒塌，东侧办公室门窗全部损毁，南北两侧墙体全部倒塌。1 号普通铝锭铸造机头部由西向东向上翻折。1 号混合炉与 2 号混合炉之间的溜槽严重移位。两台天车部分损坏，临近厂房局部受损，造成 16 人死亡、59 人受伤（其中 13 人重伤），初步估算事故造成直接经济损失 665 万元。

（2）事故原因。混合炉开始向 2 号普通铝锭铸造机供铝液用于生产普通铝锭时，混合炉的炉眼铝液流量异常增大，铝液失控后，大量高温铝液溢出溜槽，流入 1 号 16t 普通铝锭铸造机分配器南侧的循环冷却水回水坑，在相对密闭空间内，熔融铝与水发生反应同时产生大量水蒸气，体积急剧膨胀，压力急剧升高，发生了蒸汽爆炸。

1.4.2.6　江苏省某有限公司较大爆炸事故[30]

（1）事故发生经过。2018 年 8 月 27 日，江苏省某公司铸造车间 1 号浇铸井突然发生爆炸。爆炸伴随着巨大的冲击波，造成车间及原料库发生整体坍塌，坍塌的车间顶部及墙体砸倒车间西侧临时宿舍，冲击波同时造成约50m范围内建筑物和门窗设施不同程度损毁，铸造系统模具上部被蒸汽爆炸产生的冲击波震飞落至车间西侧距事发现场西北侧约120m处的稻田中。爆炸导致了厂房损毁，损失216万元；办公楼玻璃窗户及部分墙体损毁约5万元，车间设备损失38万元。某汽车饰件有限公司铝合金门窗玻璃损毁，价值18万元；车棚、屋顶、室内吊顶灯设施损坏，价值12万元，共计30万元。另外造成5人死亡、1人重伤。

（2）事故原因。1号浇铸井内东3号钢丝绳异常（断丝或断股）致铸造底座失稳倾斜，导致其他钢丝绳承载加大，底座进一步倾斜，造成浇铸过程中的大量铝棒脱棒；作业人员疏于观察，未能及时发现和处置这一重大事故隐患；铸造盘上的大量铝液瞬间倾倒进入冷却水内，高温铝液与冷却水发生剧烈反应，在半密闭空间瞬间积聚大量能量，形成剧烈的蒸汽爆炸。

1.4.2.7 英国康力斯公司高炉爆炸事故分析[31]

（1）事故介绍。2001年11月8日，位于英国塔尔博特港的康力斯公司发生一起高炉爆炸事故，爆炸的威力和飞溅的碎片造成了重大人员伤亡，3名员工死亡、12名员工及承包商重伤，另有多人受轻伤。事故的过程简要介绍如下：发电厂电气故障导致电动冷却泵无法正常使用；高炉继续满风量运行，冷却能力只有55%；一些冷却器因"烧透"而失效，在寻找泄漏的冷却器时出现了延误，更多的冷却器发生故障；最终可能有80t水进入炉子，水（炉内）与炽热的金属/熔渣发生亲密接触，产生大量的蒸汽；并伴随着压力的急剧上升，这反过来又导致能量的猛烈释放，足以将整个5000t左右的炉子和炉子里的所含物垂直抬起约0.75m，铁水/熔渣/烧结矿/蒸汽从搭接处喷入铸造室，造成3人死亡，多人受伤。事故工厂鸟瞰图如图1-6所示。

图1-6 英国康力斯公司工厂鸟瞰图（左侧为5号高炉，右侧为4号高炉）

（2）事故原因。第一，直接原因是水和熔化的热物料在高炉下部发生反应，致使炉内超压。第二，关键性水冷系统发生故障，导致水从冷却系统进入炉中。第三，该厂的安全工作一直存在重大问题。除了高炉厂之外，这些问题在全公司范围内都存在，尤其是向高炉提供冷却水的能源部门存在很大问题。由于未能对高炉作业进行充分的风险评估，导致无法进行技术和程序控制。冷却水供应的余量和安全性不足，冷却系统的可靠性在几个月内不断下降，呈恶化趋势。

1.4.2.8　英国威尔士南部塔尔伯特港塔塔钢铁厂（Tata Steel）爆炸事故

（1）事故介绍。2019 年 4 月 26 日，英国威尔士南部塔尔伯特港塔塔钢铁厂（Tata Steel）发生爆炸，巨大的蘑菇云和浓烟从工厂上空升起，两名工人在爆炸中被烧伤。塔塔钢铁称，爆炸来自一列运载熔融金属的火车。BBC 威尔士了解到爆炸发生在工程车间和机车维修车间之间的一段铁轨上。英国工会的斯蒂芬·戴维斯（Stephen Davies）认为，一列载有"鱼雷"的火车脱轨，从而导致了这场爆炸事故。该厂发生爆炸后，在距离爆炸 22km 的布里真德都能听到爆炸声。南威尔士警方表示，三点半刚过"报告爆炸"不久，就接到了"无数电话"，他们说，爆炸对现场的一些建筑造成了破坏。经过调查，塔塔钢铁公司证实，有铁液在运往钢铁厂途中发生了泄露。幸运的是，这场事故并没有人死亡，两名工人也在事故后及时地接受了治疗。而因此导致的多起火灾，也在消防部门和救援服务人员的支持下扑灭。事故现场照片如图 1-7 所示。

图 1-7　英国威尔士南部塔尔伯特港塔塔钢铁厂爆炸事故

（2）事故原因。有铁液在运往钢铁厂途中发生了泄露，导致熔融金属接触到冷水，致使冷水迅速蒸发，体积急速膨胀，从而导致了这场爆炸事故。

1.4.3 核工业熔融金属遇水爆炸事故案例

在世界核电领域，核电站一共发生过 17 次事故，蒸汽爆炸是核反应堆堆芯发生熔融后可能发生的一系列事故之一。其中苏联的切尔诺贝利核事故[32]、美国三哩岛核事故[33] 和日本的福岛核事故[34] 是三起影响巨大的事故。1979 年，美国宾夕法尼亚州三哩岛核电站发生了美国核电历史上最严重的一次事故。事故发生后，约 20 万人撤出这一地区，世界各国的核动力计划受到严重影响[35]；1986 年，苏联切尔诺贝利发生了世界核电历史上最严重的事故。在这次核电事故中，4 号反应堆的堆芯发生了损坏，熔融物与冷却水相互作用产生的蒸汽爆炸完全破坏了堆芯，这场灾难造成 2000 亿美元损失[36]；2011 年日本福岛核电站发生事故，事故原因是地震导致容器破碎，堆芯融化物与容器下封头内的冷却剂直接接触引发了蒸汽爆炸[37]。

下面详细阐述核电行业典型的高温熔融金属遇水爆炸事故。

1.4.3.1 日本福岛核事故

2011 年 3 月 11 日，福岛第一核电站发生了堆芯熔毁的事故，原因是受到日本东北地区太平洋近海地震和伴随而来的海啸的影响。这起事故在国际核事件分级表（INES）中被分类为最严重的 7 级（特大事故）。2015 年 3 月调查发现，堆芯内所有的核燃料都已熔毁。截至 2019 年 3 月，这起事故造成的受灾区域面积几乎与名古屋市相同（337km^2）。图 1-8 为福岛第一核电站事故现场。

图 1-8　日本福岛核电站事故

2011 年 3 月 11 日，日本东北地区太平洋地震发生时，福岛第一核电站的 1~3 号机正在运行，4~6 号机停机处于定期安全检查状态。地震后，1~3 号机的所有反应堆自动停止了。地震引发了电源故障，导致机组失去了外部供电，但还是成功启动了应急柴油发电机。地震发生约 50min 之后，最高高度为 14~15m 的海啸袭击了核电站，设置在地下室的应急柴油发电机淹没在水中而停止运行。此外，电器、水泵、燃料罐、紧急电池等大部分设备受损或被水冲走，核电站陷入了全厂停电。因此，水泵无法运行，不能继续向堆芯和燃料池注入冷却水，也就不能带走核燃料的热量。由于核燃料在停堆后仍然会产生巨大的衰变热，如果不继续注水，堆芯内就会开始空烧。最终，核燃料会因自身放热而熔化。在 1~3 号机中，由于燃料组件的包壳熔化，包壳中的燃料颗粒落到反应堆压力容器底部，造成了堆芯熔毁。熔化的燃料组件温度极高，熔穿了压力容器底部，并熔化了控制棒插入孔和密封处，一部分燃料从开孔处落入反应堆安全壳。此外，由于燃料本身的高温以及安全壳中产生的水蒸气和氢气引起的压力急剧升高，安全壳受到了部分损坏，1 号机组的管道部分也已损坏。另外，1~3 号机熔毁的堆芯向反应堆、汽轮机厂房内释放了大量氢气，导致 1、3、4 号机发生了氢气爆炸，厂房和周围的设施被严重损坏（虽然在事故发生时 4 号机处于停机状态，但是氢气很可能从 3 号机通过两个机组共用的排气管进入 4 号机，因为该管道在停电时是打开的）。事故中的一系列事件在周围环境中泄漏了大量放射性物质，包括排气泄压操作、氢气爆炸、安全壳破损、管道蒸汽泄漏、冷却水泄露等。1~3 号机相继发生堆芯熔毁，1、3、4 号机发生氢气爆炸，使得这起事故成为了前所未有的特大核事故。事故中向大气中泄漏的放射性物质量有多种说法。根据东京电力的推算，共泄露了大约 90 万 MBq 的铀元素，大约相当于切尔诺贝利事故 $520 \times 10^{10} \cdot S^{-1}$ 的六分之一。截至 2011 年 8 月，平均每半月泄露 2 亿贝可（$2 \times 10^8 s^{-1}$）的铀元素。辐射量在每年 $5 \times 10^{-3} J/kg$ 以上的地区大约有 1800km²，其中每年 20J/kg 以上的则有 500km²。

1.4.3.2 加拿大 NRX 反应堆事故

1952 年 12 月 12 日，加拿大乔克河实验室的国家研究实验堆（NRX）发生了核事故。NRX 是一座利用重水慢化、轻水冷却、天然铀作燃料的研究堆。反应堆坐在一个叫作排管容器的大型铝桶里，直径 8m、高 3m。排管容器中装有 14000L 的重水，上部空间填充氦气。在排管容器里，呈六角形垂直布置了 175 根铝制的压力管，每根压力管直径均为 6cm。图 1-9 为 NRX 堆芯示意图（图中只画出一根压力管）。

在实验反应堆系统中发生了几种熔融燃料-冷却剂相互作用过程，其中一些可以归类为蒸汽爆炸。加拿大 NRX 反应堆熔毁事故的重要原因之一就是熔融燃料与冷却剂的相互作用。在低功耗实验中，故障的原因一般是机械缺陷和操作误差。在 NRX 事件之后，对反应堆设施进行了破坏性实验。机械损伤表明，压力峰值至少达到了 41370kPa（6000psi）。迪特里希的结论是，没有证据表明有任何

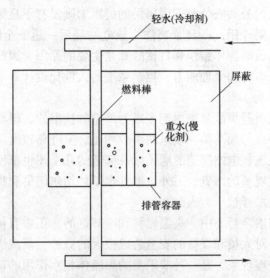

图 1-9　加拿大 NRX 堆芯示意图

重大的化学反应发生，爆炸是热性质的。

1.4.3.3　三哩岛核泄漏事故

1979 年 3 月 28 日，美国宾夕法尼亚州三哩岛核电厂（Three-Miles Island Nuclear Generating Station）发生部分堆芯熔毁事故。图 1-10 为三哩岛核电站事故现场。这是美国商业核电历史上最严重的一次事故，该事件被评为国际核事件分级的 7 级系统中的第 5 级。

图 1-10　美国三哩岛核泄漏事故

三哩岛核泄漏事故是核能史上第一次反应堆堆芯融毁的事故，此事故的严重后果反映在经济上，公共安全及周围居民的健康上则没有不良影响。究其原因在于围阻体发挥了重要作用，凸显了其作为核电站最后一道安全防线的重要作用。在整个事件中，人员的操作错误和机械故障是主要的原因，因此核电站运行人员的培训、面对紧急事件的处理能力、控制系统的人性化设计等细节对核电站的安全运行有着重要影响。

虽然三哩岛核泄漏事故是美国至今最为严重的核事故，但与之后发生的切尔诺贝利核能电厂事故与福岛第一核电站事故相比，三哩岛核泄漏事故仍然在可以控制的范围内，在该核电站周遭的居民以及邻近的几个州也都没出现像乌克兰或是日本福岛那样大规模的污染，另外该事件也不如切尔诺贝利核能电厂事故与福岛第一核电站事故那样被广为人知。

在核电行业和冶金行业中，高温燃料和冷却剂的非正常直接接触，可能产生强烈的蒸汽爆炸，对人员和设备的安全造成极大的威胁。蒸汽爆炸其中包含了许多非常复杂的热物理现象，是一种非平衡的热流体相互作用的动力学过程。在核工业和冶金工业，尽管高温熔融物与冷却剂相互作用引发的爆炸事故中，熔融金属与冷却剂的种类并不相同，但是，爆炸所蕴含的多相流动、传热传质过程是类似的，因此，研究典型熔融金属与水接触的碎化机理以及蒸汽爆炸的超压情况是非常有必要的。

参 考 文 献

[1] Berthuoud G. Vapor Explosions [J]. Annual Review of Fluid Mechanics, 2000, 32 (1): 573~611.

[2] Katz D L, Sliepcevich C M. Lng/water explosions [J]. Cause & Effect Hydrocarbon Processing, 1971, 50 (11): 240~244.

[3] Fletchera D F, Aaderson R P. A review of pressure-induced propagation models of the vapour explosion process [J]. Progress in Nuclear Energy, 1990, 23 (2): 137~179.

[4] Theofanous T G. The study of steam explosions in nuclear systems [J]. Nuclear Engineering and Design, 1995, 155 (1~2): 1~26.

[5] 朱继洲. 核反应堆安全分析 [M]. 西安: 西安交通大学出版社, 2004.

[6] Sparrow E M, Cess R D. The Effect of Subcooled Liquid on Laminar Film Boiling [J]. Journal of Heat Transfer, 1962, 84 (2): 149~155.

[7] Long G. Explosion of molten aluminum in water-cause and prevention [J]. Metal Progress, 1957, 71 (5): 107~112.

[8] 苏智泰, 钟汉通. 某铝材厂一宗重大爆炸事故的分析 [J]. 广东有色金属, 1998, 4: 86~90.

[9] 纪庭超, 李刚, 李思琦. "2. 20" 鞍钢重型机械铸钢厂喷爆重大事故原因分析 [J]. 中国安

全生产科学技术，2013，9（8）：110~113.

［10］Chino M, Nakayama H, Nagai H, et al. Preliminary Estimation of Release Amounts of 131I and 137Cs Accidentally Discharged from the Fukushima Daiichi Nuclear Power Plant into the Atmosphere［J］. Journal of Nuclear Science & Technology，2011，48（7）：1129~1134.

［11］Cronenberg A W, Benz R. Vapor Explosion Phenomena with Respect to Nuclear Reactor Safety Assessment［M］. US：Springer US，1980.

［12］周源．蒸汽爆炸中熔融金属液滴热碎化机理及模型研究［D］．上海：上海交通大学，2014.

［13］Fumiya T. Analyses of core melt and re-melt in the Fukushima Daiichi nuclear reactors［J］. Journal of Nuclear Science & Technology，2012，49（1）：18~36.

［14］何盛明．财经大辞典［M］．北京：中国财政经济出版社，1990.

［15］李觉．当代中国的核工业［M］．北京：当代中国出版社，2009.

［16］郭志锋，丁其华，王政．核工业全球化时代我国面临的机遇与挑战［C］．中国核学会2013年学术年会论文集．北京：中国原子能出版社，2013，34~38.

［17］邱仁森．认识核电站［J］．中国科技术语，2011，13（2）：57~59.

［18］王丽新．世界核电发展史简介［J］．科技创新与应用，2012，6：122.

［19］核能行业协会网站．2019年1-12月全国核电运行情况［Z］．2020.

［20］Liang C C, Tai Y S. Shock responses of a surface ship subjected to noncontact underwater explosions［J］. Ocean Engineering，2006，33（5~6）：748~772.

［21］Corradini M L. Phenomenological Modeling of the Triggering Phase of Small-Scale Steam Explosion Experiments［J］. Nuclear Science and Engineering，1981，78（2）：154~170.

［22］Taleyarkhan R P. Vapor explosion studies for nuclear and non-nuclear industries［J］. Nuclear Engineering and Design，2005，235（10）：1061~1077.

［23］周勇．清晨铸造厂的爆炸声在厂房外响起—记南宁市武鸣县佳华铸造厂"3·1"炼铁炉爆炸事故［J］．安全生产与监督，2005，2：20~21.

［24］山东魏桥铝液爆炸事故原因查出［J］．铸造技术2008，3：286.

［25］Kohloff F. 21 Ways to Avoid Molten Metal Explosions［J］. Modern Casting，2010，100（7）：34~37.

［26］Taleyarkhan R P. Preventing melt-water explosions［J］. JOM，1998，50（2）：35~38.

［27］何家金．铝合金熔铸生产过程的爆炸分析［C］．2011全国铝及镁合金熔铸技术交流会论文集．2011，49~53.

［28］临沂三德特钢有限公司"4·1"较大铁水外溢爆炸事故调查组．山东省某有限公司较大铁水外溢爆炸事故调查报告［R］．山东，2016.

［29］河北省安监局．河北省某铸件厂"6·13"爆炸事件调查报告［R］．河北，2014.

［30］无锡市应急管理局．江苏省某有限公司爆炸事故调查报告［R］．江苏，2018.

［31］王梦蓉．英国康力斯公司高炉爆炸事故分析［J］．现代职业安全，2018，5：51~87.

［32］伍浩松，译．联合国就切尔诺贝利事故的影响发表最新报告［J］．国外核新闻，2005，9：2.

［33］邢馥吏．美国调查三哩岛核电站事故委员会对事故原因和后果的分析［J］．国外核新闻，

1980, 10: 18~19.

[34] Kinoshita N, Sasa K S K, Kitagawa J I, et al. Assessment of individual radionuclide distributions from the Fukushima nuclear accident covering central-east Japan [J]. Proceedings of the National Academy of ences of the United States of America, 2011, 108 (49): 19526~19529.

[35] Appendix 17-The Three Mile Island Accident [M]. Petrangeli G. Nuclear Safety (Second Edition). Butterworth-Heinemann. 2020: 503~518.

[36] 周源. 蒸汽爆炸中熔融金属液滴热碎化机理及模型研究 [D]. 上海: 上海交通大学, 2014.

[37] Tsuruda, Takashi. Nuclear Power Plant Explosions at Fukushima-Daiichi [J]. Procedia Engineering, 2013, 62: 71~77.

2 理 论 基 础

《《《

近几十年来，国内外已经开展了许多关于熔融金属与冷却水相互作用的实验，但是对两者相互作用现象的一些具体行为及后果预测仍未能完全研究清楚，目前还不能形成一致的结论。但是，有关熔融金属与冷却水相互作用现象的过程分析已有了很大进展，当熔融金属接触冷却水后，由于两者的温度差相对较大，与熔融金属所接触的冷却水将会发生稳定的膜态沸腾。因此，熔融金属和冷却水之间将会产生一层具有一定厚度的蒸汽膜，使熔融金属与冷却水不能发生直接接触。且由于蒸汽膜的热导率极低，故高温熔融金属与冷却水之间的剧烈传热被大幅度降低。然而，熔融金属和冷却水在相互作用的初始阶段所形成的蒸汽膜会在一定条件下发生局部塌陷，从而导致两者之间传热量的急剧增大，冷却水瞬间爆炸性蒸发，即蒸汽爆炸现象。国内外学者从不同的尺度和角度来研究熔融金属与冷却水相互作用的潜在机理，把熔融金属与冷却水相互作用的研究主要分为三个方向：水滴撞击熔融金属表面、熔融金属液滴撞击冷却水以及熔融金属液柱撞击冷却水。

2.1 水滴撞击熔融金属表面理论研究

最早开展水滴撞击熔融金属表面研究的是学者 Miyazaki[1]，他通过高速摄像机系统来观察研究水滴撞击高温熔融锡表面后两者的相互作用现象，实验装置如图 2-1 所示。其中，实验变量为熔融锡的温度、水滴的温度和水滴的韦伯数。

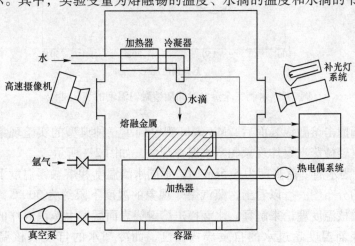

图 2-1　Miyazaki 的实验装置示意图

　　当温度较低的水滴落到高温熔融锡表面上后，水滴会和熔融锡表面进行沸腾传热并最终蒸发。如图2-2所示，水滴的蒸发速率在初始阶段随熔融锡表面温度的升高而增大；但是，随着熔融锡表面温度继续升高并超过约150℃后，水滴的蒸发速率开始逐渐减小；当熔融锡表面的温度达到约195℃时，水滴的蒸发速率达到最小值。然后，水滴可以在熔融锡表面上漂浮相当长的一段时间，直至被完全蒸发。这是由于水滴与熔融锡表面接触后，两者之间形成了一层具有隔热作用的蒸汽膜，蒸汽膜较低时热导率使水滴以较慢的速度蒸发。此现象即为莱顿弗罗斯特现象（Leidenfrost Phenomenon）。可以看出，熔融锡表面水滴的莱顿弗罗斯特温度约为195℃，而锡的熔点约为232℃，故水滴接触熔融锡表面后两者之间一定会产生蒸汽膜。

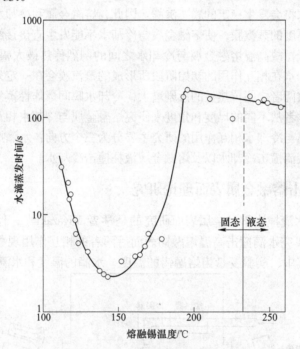

图2-2　水滴完全蒸发时间随熔融锡温度的变化曲线

　　在水滴撞击熔融锡表面后，Miyazaki观察到了三种典型的实验现象：无蒸汽爆炸现象、轻微蒸汽爆炸现象和蒸汽爆炸现象，如图2-3所示。

　　图2-4为水滴下落高度为5.5cm时，不同水滴温度和熔融锡温度下上述三种典型现象的分布图。可以看出，蒸汽爆炸现象的温度下限约为300℃，这可以用水的自发成核温度理论来解释。水滴撞击熔融锡表面后发生蒸汽爆炸的必要条件是熔融锡表面温度超过水的自发成核温度，而冷却水的自发成核温度大约在300℃。也就是说水滴撞击熔融锡表面且蒸汽膜发生局部塌陷后，蒸汽爆炸现象

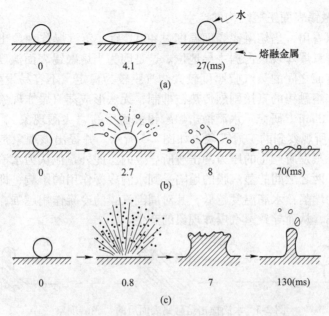

图 2-3 水滴撞击熔融锡表面后的三种典型现象

(a) 无蒸汽爆炸现象; (b) 轻微蒸汽爆炸现象; (c) 蒸汽爆炸现象

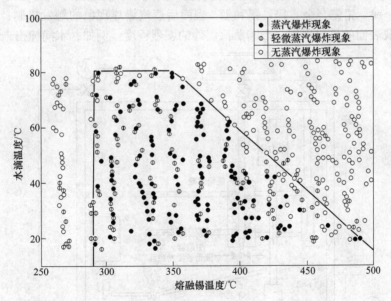

图 2-4 不同水滴和熔融锡温度下实验现象分布图 (水滴下落高度为 5.5cm)

的温度下限约为 300℃。此时，与熔融锡表面发生直接接触的水滴的气泡成核率急剧增加，导致水滴在瞬间发生急剧蒸发。结果，瞬间产生的蒸汽压力迅速积聚且不能自由释放，从而触发了小规模的蒸汽爆炸，蒸汽爆炸所产生的压力波导致了图2-3中熔融锡表面王冠结构的产生。

　　同时可以看出，当熔融锡表面温度过400℃后，蒸汽爆炸现象出现的概率明显降低，无蒸汽爆炸现象占据主导地位。这是因为当熔融锡表面温度过高时，水滴和熔融锡表面之间的蒸汽膜厚度较大，汽膜较为稳定，不容易发生局部塌陷。因此，水滴和熔融锡的直接剧烈传热被抑制，无法形成蒸汽爆炸现象。

　　同样地，Shoji[2]研究了水滴撞击熔融锡表面后的"飞溅现象"，该现象类似于Miyazaki[1]所观察到的王冠现象，如图2-5所示。并提出该现象是由汽膜塌陷后，水滴瞬态蒸发所产生的压力冲击波所导致的。此外，他认为水滴和熔融金属表面接触后，两者之间的蒸汽膜的塌陷受到水滴冷凝作用的影响，即水滴的温度影响着汽膜的塌陷：水滴温度越低，其对周围汽膜的冷凝作用越强，汽膜越容易发生局部塌陷，从而导致蒸汽爆炸现象的产生。

图 2-5　水滴撞击熔融锡表面后的"飞溅现象"

　　Furuya[3]利用如图 2-6 所示的实验装置，研究了水滴撞击不同种类的熔融金属（铅、铋、铅铋合金、锌、锡和铟）表面后蒸汽爆炸现象的触发机制，并提出熔融金属表面的氧化程度会影响蒸汽爆炸的剧烈程度。例如，水滴撞击未被氧化

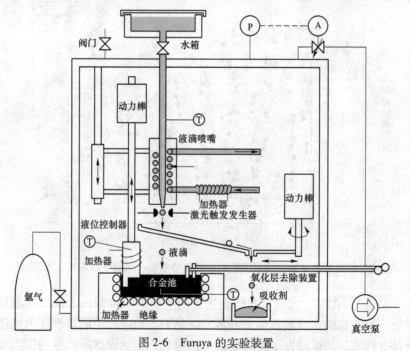

图 2-6　Furuya 的实验装置

的熔融铅铋合金表面后，蒸汽爆炸现象在熔融铅铋合金表面温度为 380~550℃时占据主导地位。而当水滴撞击被氧化时间较长的熔融铅铋表面后，蒸汽爆炸现象和"液滴截留"现象均可以被观察到。这是因为此时熔融铅铋表面具有一层较厚的氧化层，该氧化层增强了熔融铅铋表面的辐射发射率，从而使熔融铅铋表面和水滴之间的蒸汽膜更厚（即更稳定），从而抑制了两者的直接接触换热，导致"液滴截留"现象的产生，如图 2-7（d）所示。同样地，实验中蒸汽爆炸的下限温度接近于水的自发成核温度。

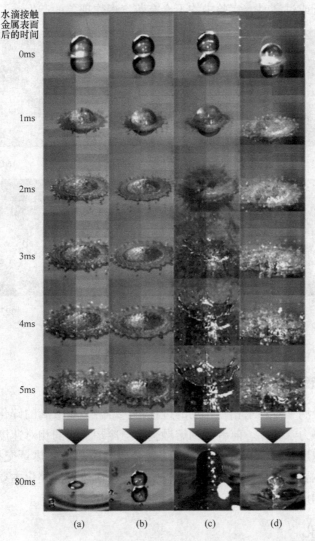

图 2-7　水滴撞击熔融铅铋合金表面后的典型实验现象

（a）润湿状态 $T_m = 295℃$；（b）球形状态 $T_m = 353℃$；

（c）蒸汽爆炸 $T_m = 410℃$；（d）液滴截留 $T_m = 414℃$

国内的张政铭[4]提出，水滴撞击熔融金属表面后，两者之间汽膜的塌陷同时取决于外部扰动和汽膜自身的开尔文-亥姆霍兹（Kelvin-Helmholtz）不稳定性和瑞利-泰勒（Rayleigh-Taylor）不稳定性。当水滴的下落高度增大时，其撞击熔融金属表面的冲击速度增大，汽膜所受到的外部扰动及自身的开尔文-亥姆霍兹不稳定性增强。因此，汽膜的稳定性降低，更容易发生局部塌陷，从而提高了蒸汽爆炸的发生概率。图 2-8 展示了相互作用中典型的蒸汽爆炸现象（水滴温度 25℃，熔融锡温度 320℃，水滴下落速度 2.28m/s）。和 Miyazaki 的研究相似，当熔融锡的温度过低或过高时，实验中均不会有蒸汽爆炸现象的产生。

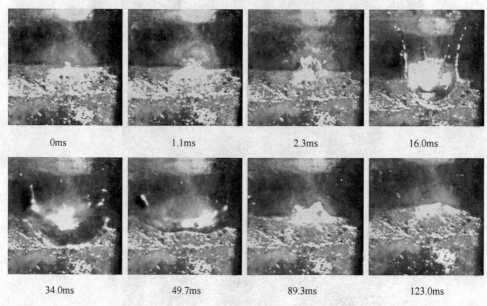

图 2-8   水滴撞击熔融锡表面后的蒸汽爆炸现象

2.2   熔融金属液滴撞击冷却水理论研究

在熔融金属液滴和冷却水相互作用的过程中，熔融金属液滴的碎化通常可分为水力学碎化和热力学碎化。前者受到熔融金属与冷却水间的相对速度及熔融金属内部间的相对速度的影响，后者受高温熔融金属与冷却水间热量交换的影响。其中水力学碎化主要在碎化传播的后期过程中发生，而热力学碎化主要在触发碎化和碎化传播等初期阶段产生[5]。

2.2.1   水力学碎化

水力学碎化主要受熔融金属液滴周围冷却水冲撞速度的影响。在熔融金属液滴落入冷却水中后，由于重力作用，其与冷却水之间产生速度差；在熔融金属液滴碎化压力传播阶段，熔融金属液滴的内能转化为机械能，金属与冷却剂之间产生速度差[6]。在这两种情况下，液滴与冷却剂之间的相对运动作用使金属表面稳定性降低从而发生水力学碎化，并可能导致蒸汽膜坍塌。

基于韦伯数（Weber，We）的水力学碎化机理。Pilch 和 Erdman[6]研究了液滴在气流中的碎化过程，对不同水力学碎化机理按韦伯数大小进行了分类研究。根据韦伯数把镓液滴的碎化过程分为 3 个区域：$60 < We < 1000$，当液滴表面层开始慢慢褪去后，水力学碎化发生；$1000 < We < 2600$，液滴表面层褪去速度加快，液滴碎化时间缩短；$We > 2600$，液滴发生瞬间碎化现象。

基于瑞利-泰勒及开尔文-亥姆霍兹不稳定性影响的水力学碎化机理。法国IRSN 的 Lamome 和 Meignen[7]经过对连续下落的熔融物落入冷却剂的相互作用过程进行研究，提出了开尔文-亥姆霍兹不稳定性对液滴碎化具有一定的影响，推导出用于预测熔融金属碎化速率的关系式。Patel 和 Theofanous[8]提出了穿透和剥离两种液滴碎化模型。熔融金属前端受到瑞利-泰勒不稳定性的影响，而侧面受到开尔文-亥姆霍兹不稳定性的影响。当开尔文-亥姆霍兹不稳定性的发展速度比瑞利-泰勒更快时，穿透模型占据主要作用，反之则剥离模型占据主要作用。

2.2.2 热力学碎化

热力学碎化主要受熔融金属液滴周围热流体热能传递的影响[9]。在熔融金属液滴落入冷却水中后，熔融金属液滴外侧的蒸汽膜失稳及破碎属于热力学碎化的研究范围，对热力学碎化的研究一般集中在熔融金属液滴的蒸汽膜特性及其坍塌机理。很多研究者采用可视化实验来观察蒸汽膜的变化，从而探究熔融金属热力学碎化的机理。

基于莱顿弗罗斯特现象的膜态沸腾实验研究：莱顿弗罗斯特现象是指当低温液体与高温物体间存在巨大的温度差时，低温液体不会润湿高温的物体表面，而是在高温物体表面与液体之间形成一层蒸汽膜，减缓高温物体与低温液体间的传热和液体的汽化速度。Żyszkowski[10]对铜金属表面发生的膜态沸腾进行了研究，得到了固体铜表面被冷却水润湿后温度从 1300℃ 下降到 100℃ 的温度曲线，分析得到铜表面的膜态沸腾对铜表面温度变化的影响，在对铜表面的莱顿弗罗斯特温度进行了热力学关系式推导和说明后发现膜态沸腾的变化随机性明显，不同形态的铜表面会影响传热速率，同时氧化物会在很大程度上影响膜态沸腾。Koprikov 和 Naylor[11]将顶端为球形的黄铜金属棒加热后与冷却水接触，以研究冷却水中的金属棒周围汽膜的特性，并将金属加热至 550℃ 后通过高速摄像机观察实验现象。研究表明，黄铜表面粗糙度度会对汽膜的塌陷造成影响，且当汽膜的不稳定波长大于汽膜厚度时，汽膜会被破坏。

基于外界触发的汽膜塌陷理论研究：Inoue[12]将镍管加热后放入氟利昂冷却剂中的同时在外界提供压力触发装置，以此研究膜态沸腾现象。研究者将触发压力值设定在 100~500kPa，并记录了实验中加热表面的温度及压力参数的变化。实验发现，外界压力的干扰会导致蒸汽膜的塌陷碎裂，而汽膜塌陷的过程会伴随较小的压力波动现象。外界压力越大，蒸汽膜塌陷所经历时间越短。

高温熔融金属液滴落入冷却水后，当蒸汽膜发生塌陷破裂后，高温熔融金属与冷却水直接接触后剧烈传热，发生蒸汽爆炸现象。蒸汽爆炸所带来的压力冲击波使熔融金属液滴发生初始碎化。初始碎化使熔融金属和周围冷却水的直接接触面积增大，即两者的换热面积增大。然后，蒸汽爆炸的规模进一步扩大，使熔融金属液滴进一步碎化。蒸汽膜塌陷的影响因素有很多，比如各种热力学不稳定性、水力学扰动、外部压力波冲击等等，针对这些影响因素而提出的各种熔融金属碎化模型便应运而生：

（1）Papuccuoglu[13]热碎化模型：Papuccuoglu 认为熔融金属液滴的碎化主要是由于冷却水和熔融金属液滴换热后产生了许多蒸汽所导致的。当高温熔融金属液滴遇到冷却剂，冷却剂迅速蒸发汽化，大量的蒸汽会射入熔融金属液滴内部，破坏液滴的整体结构，而后熔融金属液滴在内外冷却水剧烈蒸发的共同作用下发生碎化，如图 2-9 所示。但是由于在实验中很难实际观测到这种射流行为，故该模型难以得到验证，一直受到学者的质疑。

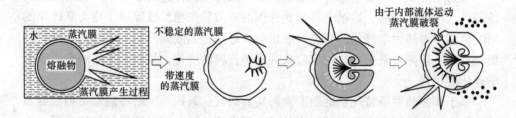

图 2-9　Papuccuoglu 碎化模型

（2）Kim 和 Corradini[14]模型：Kim 和 Corradini 提出与 Papuccuoglu 类似的观点，他们认为当熔融金属液滴和周围冷却水之间的汽膜在受到外部扰动（如压力波的冲击）而发生塌陷之后，冷却水在被熔融金属加热蒸发后会形成蒸汽射流，这种射流会携带一部分冷却剂冲击熔融金属表面并进入其内部，冷却剂在熔融金属液滴内部产生压力冲击波从而破坏熔融金属液滴。同时，在汽膜塌陷后，熔融金属液滴的局部表面和周围冷却水会发生直接接触，当熔融金属液滴表面和冷却水的直接接触温度超过冷却水的自发成核温度时，冷却水受热发生爆炸性蒸发并产生压力冲击波。因此，熔融金属液滴体积膨胀并最终发生碎化，如图 2-10 所示。

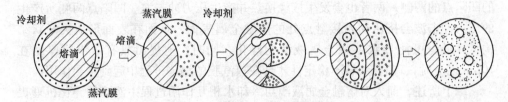

图 2-10　Kim 和 Corradini 碎化模型

（3）Ciccarelli-Frost[15]模型：有些学者认为熔融金属液滴与冷却水接触的表面行为特性会促使熔融金属液滴发生碎化，这与前两种碎化模型是不同的。这些观点以 Ciccarelli-Frost 热碎化模型为主要代表，这种模型以外部压力冲击波下的瑞利-泰勒不稳定性为主要出发点。当熔融金属液滴以一定速度落入冷却水中时，在外部施加的压力冲击波作用下，由于熔融金属液滴和冷却水之间具有较大的密度差，故两者的界面上会产生瑞利-泰勒不稳定性。该不稳定性使汽膜的稳定性降低。当蒸汽膜内部压力大于外部环境压力时，蒸汽膜的完整性会被破坏，从而发生局部塌陷并导致熔融金属液滴表面和冷却水在这些局部坍陷点发生直接接触。而后，两者在直接接触点上的剧烈换热引发了局部的蒸汽爆炸，熔融金属液滴表面被蒸汽爆炸所产生的压力冲击波所挤压，形成细丝状结构向外喷射，如图 2-11 所示。同时，喷射出去的熔融金属丝与周围冷却水发生点状接触，增大了两者的换热面积，导致周围冷却水被进一步剧烈蒸发并使得熔融金属液滴最终发生碎化。

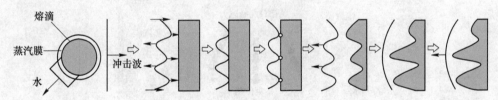

图 2-11　Ciccarelli-Frost 碎化模型

（4）Inoue 碎化模型[12]：如图 2-12 所示，Inoue 基于 Ciccarelli 模型提出了不同的意见，他认为汽膜上的凹陷点会在熔融金属液滴表面与冷却水之间的接触点上生成：两者在初始接触点换热，冷却水的剧烈蒸发产生压力冲击波后，在汽膜

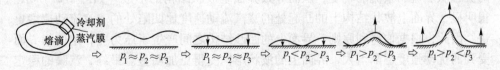

图 2-12　Inoue 碎化模型

的凹陷点的两侧，两者也会发生接触换热并产生压力冲击波。凹陷点两侧所产生的压力冲击波会挤压初始接触点处的熔融金属表面，从而在表面形成尖峰状结构，并最终可能导致熔融金属液滴的碎化。同时，他提出只有蒸汽膜厚度在10μm 以下时，瑞利-泰勒不稳定性才会在蒸汽膜的塌陷过程中起到主导作用。

综上所述，前人对熔融金属液滴与冷却水相互作用过程中液滴的碎化机理提出了不少模型，这些模型普遍具有熔融金属液滴与冷却剂之间的接触传热、蒸汽的产生、蒸汽膜的塌陷与局部发生的压力冲击波使熔融金属液滴发生结构变化或碎化等共同点。该模型大致分为两种：表面的行为特性模型与冷却剂发生蒸发射流模型。后者难以在实验中得到验证且没有数值模拟加以佐证，因此其合理性有待商榷。大多数学者认为蒸汽膜的表面行为特性模型更为合理。另外还有一些学者提出了其他不同的理论模型，然而都无法完全解释与冷却水相互作用中熔融金属液滴的碎化机理，因此，也就没有能够被广泛接受[16]。

这里，我们提出了熔融金属液滴落入冷却水后，两者之间汽膜的局部塌陷机理模型。如图 2-13 所示，熔融金属液滴表面通过冷却水和汽膜界面进行的热传导和热辐射使周围的冷却水汽化，同时汽膜也会被冷却水冷凝。因此，熔融金属液滴和冷却水之间形成了一个具有一定厚度的蒸汽膜。

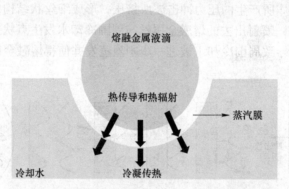

图 2-13　熔融金属液滴和冷却水之间蒸汽膜的形成

然而，此汽膜是处于亚稳定状态的，根据开尔文-亥姆霍兹不稳定性理论[17]，当下落的熔融金属液滴撞击冷却水并发生相对运动时，汽膜与冷却水在平行方向上的速度差会使两者的界面产生一定的扰动。这种扰动可归因于该界面的流态从层流到紊流的转变，从而导致界面上波状结构的形成，如图 2-14 所示。很明显，界面上波状结构上的凸起处的蒸汽流动速度比凹陷处的蒸汽流动速度更快。因此，根据伯努利原则，界面上的凹凸结构之间产生了压力差，这使得界面受到的扰动强度逐渐增大，界面上的波状结构变得更加明显。最终，汽膜的稳定性和完整性被破坏，导致汽膜发生局部坍塌。此后，冷却水可以通过塌陷的汽膜直接接触到熔融金属液滴表面的局部区域。若两者的直接接触温度高于冷却水的

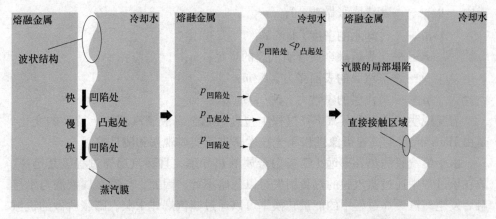

图 2-14 由界面开尔文-亥姆霍兹不稳定性导致的汽膜局部塌陷模型

自发成核温度时，两者发生直接接触后的剧烈换热可能会导致液滴表面尖峰状结构的形成，最终引发蒸汽爆炸的产生。图 2-15 所示为熔融金属液滴表面尖峰状结构的形成示意图。

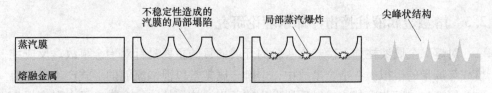

图 2-15 熔融锡液滴表面尖刺状结构的形成示意图

Hansson[18]研究了熔融金属液滴与水接触后发生蒸汽爆炸过程中的能量转换率，即蒸汽爆炸中蒸汽膨胀所做的机械功与熔融金属液滴初始总热能的比值。其中，熔融金属液滴所具有的初始总热能可用下式计算：

$$E_{\text{melt}}^0 = m_{\text{melt}} \left\{ c_{\text{p,melt}} \left(T_{\text{melt}}^0 - T_{\text{coolant}} \right) + h_{\text{melt,fus}} \right\} \tag{2-1}$$

式中 　E_{melt}^0——熔融金属液滴的初始热能，J；

　　　m_{melt}——熔融金属液滴的质量，kg；

　　　$c_{\text{p,melt}}$——熔融金属液滴的比热容，J/(kg·K)；

　　　T_{melt}^0——熔融金属液滴的初始温度，K；

　　　T_{coolant}——冷却水的温度，K；

　　　$h_{\text{melt,fus}}$——熔融金属液滴的熔化热，J/kg。

在蒸汽爆炸中，根据瑞利-普拉托经典方程，由蒸汽膨胀所做的膨胀功可由包裹熔融金属液滴的蒸汽膜内部的压力变化来进行估算，如下式：

$$W_{(t)} = 4\pi\rho_1 \int \left[\frac{3}{2} R^2 \left(\frac{\mathrm{d}R}{\mathrm{d}t} \right)^2 + \frac{2\sigma R}{\rho_1} + \frac{4\mu R \frac{\mathrm{d}R}{\mathrm{d}t}}{\rho_1} + R^3 \left(\frac{\mathrm{d}^2 R}{\mathrm{d}t^2} \right) \right] \mathrm{d}R \tag{2-2}$$

式中　　$W_{(t)}$——蒸汽膨胀做功，J；

　　　　ρ_1——冷却水的密度，kg/m^3；

　　　　R——包裹熔融金属液滴汽膜的半径，m；

　　　　σ——蒸汽膜的表面张力，N/m；

　　　　μ——蒸汽膜的黏性力，$N \cdot s/m^2$。

需要说明的是，在蒸汽爆炸过程中包裹熔融金属液滴汽膜的半径 R 的变化，是由 Hansson 借助高速摄像机和 X 光技术来进行实时观察和测量的。

由于蒸汽膜的热导率远小于熔融金属的热导率，且蒸汽爆炸过程极其迅速，故在该过程中通过蒸汽膜的热量损失可以忽略不计。因此，熔融金属液滴与水接触后发生蒸汽爆炸过程中的能量转换率可以通过蒸汽爆炸中蒸汽膨胀所做的机械功与熔融金属液滴初始总热能的比值来表征，即：

$$\eta_{(t)} = \frac{W_{(t)}}{E_{melt}^0} \qquad\qquad (2\text{-}3)$$

式中　　$\eta_{(t)}$—蒸汽爆炸过程中的能量转换率。

2.3　熔融金属液柱撞击冷却水理论研究

对熔融金属液柱撞击冷却水实验的开展的目的主要是针对冶金事故、反应堆事故等场景的模拟。在冶金事故中，熔融金属常常以泄漏流淌的形式产生高温熔融金属液柱，其与冷却水接触后所发生的蒸汽爆炸事故往往会带来极大财产损失和人员伤亡，故开展熔融金属液柱撞击冷却水的实验有利于模拟实际场景，做出更符合实际情况的熔融金属液柱碎化理论研究和事故后果分析。

国外进行了许多熔融金属液柱与冷却水相互作用实验。针对核反应堆堆芯熔融事故而开展的实验有欧洲联合研究中心（JRC）的 FARO 实验和 KROTOS[19] 实验、韩国 KAERI 的 TROI 实验、德国 FZK 的 QUEOS 实验等。针对冶金事故而开展的实验有美国铝业联盟的熔融铝液与水爆炸反应实验及 Battelle 研究机构的熔融铝液与水接触爆炸传播机制的研究实验等。

为了深入地认识熔融金属液柱与冷却水相互作用中蒸汽爆炸的机理，Tale-yarkhan[20] 等人设计了一套如图 2-16 所示的小型实验装置，以模拟高温熔融金属铝液柱在不同实验条件下与冷却水的相互作用过程。该装置底部设计的电锤可以模拟外界压力触发下的两者相互作用过程。因此，该实验装置除了可以开展混合阶段中的熔融金属液柱热力学碎化研究，还可以研究由电锤触发的混合阶段中熔融金属液柱的水力学碎化。此装置的加热坩埚使用金属钨制作，其底部下端面安装有加速度感应器。装置下方为冷却水槽，水槽底部安装有液压传动装置，与电锤一起组成外界压力触发模拟组合。该研究中心通过实验研究得出以下结论：相互作用中蒸汽爆炸所导致的冲击波的瞬时加速度可以达到 $10\text{m}/\text{s}^2$ 以上，远大于模拟压力波大小；冷却水中含有的某些物质（如氧化钙等无机物）可能扮演催化作用，促进蒸汽爆炸的发生及加大蒸汽爆炸的剧烈程度；通过在反应过程中通入惰性气体可以在一定程度上抑制蒸汽爆炸的发生。

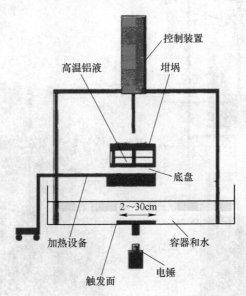

图 2-16　Taleyarkhan 的装置示意图[20]

　　西安交通大学的梁虎[21] 等开展了多种金属（如铝、铜、二氧化铀、铀等）在熔融状态的落入熔融钠冷却剂中的实验，从而研究了熔融金属液柱进入冷却剂钠中后的碎化特性，装置图如图 2-17 所示。他们将熔融金属液柱在 1200K 至 3600K 的温度下释放到熔融钠冷却剂中，并使用多个热量传感器研究熔融金属液柱与熔融钠冷却剂接触面的温度变化，同时对产物进行了分析研究。得出以下结论：熔融钠冷却剂温度的升高会增强两者接触界面的稳定性，从而降低熔融金属液柱发生碎化的可能性；熔融金属液柱温度的升高会增强两者之间的换热，从而导致冷却剂沸腾的剧烈程度增强，使熔融金属液柱的水力学碎化程度增强。

　　中国科学技术大学的黄望哩[22] 使用如图 2-18 所示的高温熔融铅铋液柱和水直接接触反应的实验装置，采用高速相机对两者相互作用时接触界面的传热过程及碎化反应进行了观察研究。他通过实验得到以下结论：熔融铅铋液柱温度和冷却水温度的升高对液柱的碎化起到了促进作用；熔融铅铋液柱和冷却水的相互作用存在热力学作用区域，在该区域内两者接触后更容易发生蒸汽爆炸现象；随着熔融铅铋液柱温度的升高，蒸汽爆炸所产生的冲击波压力峰值呈现先上升后下降的特点；熔融铅铋液柱和冷却水相互作用的产物粒径在 2.8~6.7mm 之间的质量分数最大。

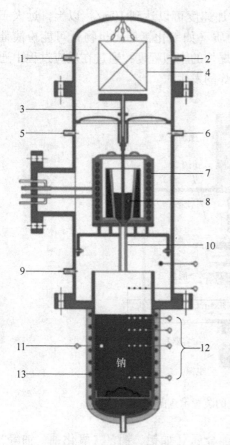

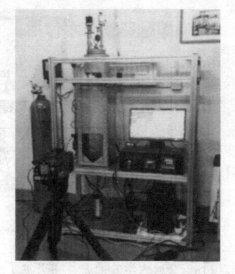

图 2-17　梁虎的装置示意图　　　　　　　图 2-18　黄望哩的实验装置图

1—氩气入口；2—氩气出口；3—起重杆；

4—电磁系统；5—出口安全阀；6—氩气出口；

7—感应炉；8—Wre5/26 热电偶；9—氩气出口；

10—导管；11—压力传感器；

12—热电偶；13—加热装置

重庆大学的陆祺[23]采用如图 2-19 所示的实验装置，研究了熔融铅、熔融铝和熔融铋液柱入水后的碎化行为。

他发现熔融铝液柱与水接触后并无碎化现象产生，而熔融铅和熔融铋入水后发生了明显的碎化现象，如图 2-20 所示。得出了熔融金属的物性参数会明显影响其遇水碎化过程的结论。

熔融金属液柱入水后，其碎化过程受到界面的瑞利-泰勒及开尔文-亥姆霍兹不稳定性的影响。由于熔融铝液柱入水后，其表面张力和黏度较大，且界面的瑞利-泰勒及开尔文-亥姆霍兹的不稳定性波长较大，故在入水后，熔融铝液柱界面

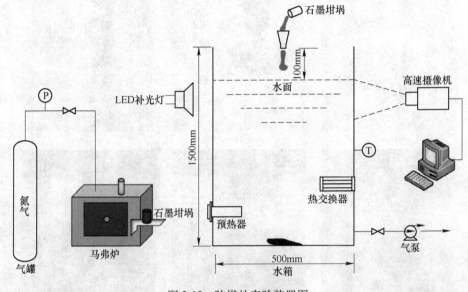

图 2-19　陆祺的实验装置图

(a)　　　　　　　　　　(b)　　　　　　　　　　(c)

图 2-20　熔融铝、铅和铋液柱入水后的典型反应产物

(a) 熔融铝；(b) 熔融铅；(c) 熔融铋

的稳定性更强，熔融铝液柱不容易发生碎化。熔融铅液柱入水后，碎化总是从液柱的前端开始发生，形成一个类似于蘑菇帽的结构，而后逐渐向上传递，最终导致液柱的整体碎化，如图 2-21 所示。熔融铋入水后，并无像熔融铅液柱一样具有明显的初碎化过程，而是较快地发生明显的大规模碎化，如图 2-22 所示。此外，随着熔融铅、熔融铋液柱初始温度的增大，其周围的蒸汽膜变厚，同时界面的瑞利-泰勒及开尔文-亥姆霍兹的不稳定性波长变大，从而使熔融金属液柱的初始碎化程度降低，即液柱初碎化所需的时间增多。

　　上海交通大学的李延凯[24]利用了 METRIC 试验台，研究了不同熔融锡液柱初始温度和下落高度下熔融锡液柱入水碎化现象。并指出，在温度范围为 398～997℃之间时，熔融锡液柱的初始温度越大，液柱入水后的碎化程度明显，如图

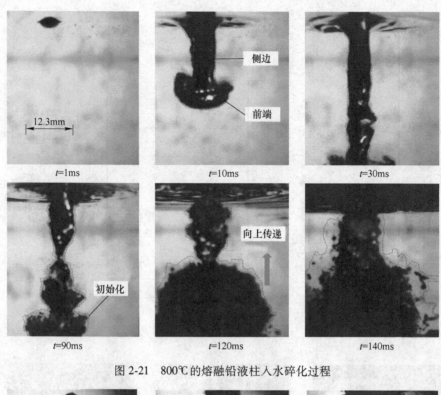

图 2-21　800℃的熔融铅液柱入水碎化过程

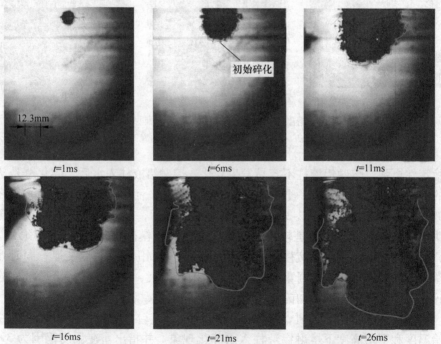

图 2-22　850℃的熔融铋液柱入水碎化过程

2-23 所示。当熔融锡液柱的初始温度较小时，其表面在入水后的快速凝固抑制了进一步的碎化过程。而当熔融锡液柱的初始温度较高时，由液柱初碎化所产生的熔融锡液滴和冷却水快速换热并剧烈膨胀，增大了其和冷却水的换热面积，从而增强了液柱碎化的程度。同时，熔融锡液柱的碎化产物直径和临界韦伯数理论及开尔文-亥姆霍兹不稳定性的临界波长较为吻合，所以这两种碎化理论比瑞利-泰勒不稳定性碎化理论更适合来解释熔融锡液柱入水后的碎化机理。

图 2-23　不同初始温度下熔融锡液柱的碎化产物
（a）熔融锡温度 390.4℃；（b）熔融锡温度 599.9℃；
（c）熔融锡温度 784.8℃；（d）熔融锡温度 989.4℃

　　需要指出的是，当熔融金属液柱初始温度不同时，其下落的连续性也有所不同。图 2-24 展示了 300℃ 和 600℃ 时，熔融锡液柱在下落过程中的连续性对比。可以明显观察到，熔融锡液柱温度为 300℃ 时，其连续性较差，液柱在下落的过程中会发生断裂；而当熔融锡温度增大到 600℃ 时，液柱的连续性明显增强，液柱在整个下落过程中并没有发生断裂。一般来说，熔融金属的表面张力、黏性力和密度与其自身的温度成反比[25]，故熔融金属液柱的温度越高，其表面张力、黏性力和密度越小，故液柱流动性增强，液柱在下落过程中更加连续。且熔融金属液柱的下落高度越大，液柱的整体长度越大，其自身的重力势能越大。此时，较大的重力势能更容易克服液柱的表面张力从而使液柱在下落过程中发生断裂。

(a)　　　　　　　　　　　　　　　(b)

图 2-24　熔融锡液柱的连续性

（a）熔融锡温度 300℃；（b）熔融锡温度 600℃

　　香港城市大学的陈辉[26]研究了熔融伍德合金液柱入水后的碎化现象（无蒸汽爆炸现象产生），并发现熔融伍德合金液柱在入水前，其表面形成了正弦曲线形式的凹凸曲线，如图 2-25 所示。这是因为液柱在空气中下落时，液柱和空气的界面发生了瑞利-普拉托（Rayleigh-Plateau）不稳定性，从而导致其表面凹凸曲线的形成。且在相同的下落高度下，液柱直径越小，其表面越容易形成这种正弦曲线形式的凹凸曲线。同时，可以观察到熔融金属液柱的最顶端为液滴状，这是在熔融金属自身的表面张力和重力的作用下所形成的。通常来说，熔融金属液柱的表面张力越大，其克服的自身重力势能越大，故顶端的液滴状结构也就会更

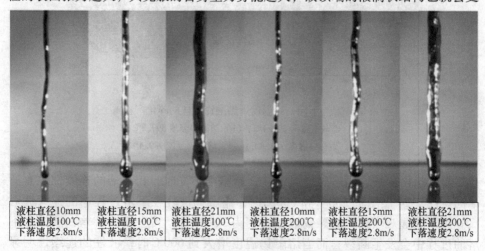

液柱直径10mm 液柱温度100℃ 下落速度2.8m/s ｜ 液柱直径15mm 液柱温度100℃ 下落速度2.8m/s ｜ 液柱直径21mm 液柱温度100℃ 下落速度2.8m/s ｜ 液柱直径10mm 液柱温度200℃ 下落速度2.8m/s ｜ 液柱直径15mm 液柱温度200℃ 下落速度2.8m/s ｜ 液柱直径21mm 液柱温度200℃ 下落速度2.8m/s

图 2-25　液柱表面所形成的正弦形式的凹凸曲线

明显。入水后，液柱前端在水中下落时，会受到来自周围冷却水拖曳力而首先发生碎化，形成了类似蘑菇帽状的结构，随后液柱碎化程度逐渐增大，如图 2-26 所示。同时，液柱和周围冷却水的相对速度导致了其界面的开尔文-亥姆霍兹不稳定性，使得液柱发生弯曲，且液柱最终在这些弯曲处发生断裂并逐渐破碎。此外，液柱的下落速度越大，其受到冷却水的拖拽力和界面的开尔文-亥姆霍兹不稳定性增大，故其入水后的碎化程度也随之增大，如图 2-27 所示。因此，熔融伍德合金液柱入水后的碎化现象同时受到开尔文-亥姆霍兹不稳定性和瑞利-普拉托不稳定性的影响。

图 2-26 熔融伍德合金液柱入水碎化的典型现象[26]

图 2-27 不同下落速度时液柱的碎化情况

参 考 文 献

[1] Miyazaki K, Morimoto K, Yamamoto O, et al. Thermal Interaction of Water Droplet with Molten Tin [J]. Journal of Nuclear Science and Technology, 1984, 21 (12): 907~918.

[2] Shoji M, Takagi N. Thermal Interaction when a Cold Volatile Liquid Droplet Impinges on a Hot Liquid Surface [J]. Bulletin of JSME, 1986, 29 (250): 1183~1187.

[3] Furuya M, Arai T. Effect of surface property of molten metal pools on triggering of vapor explosions in water droplet impingement [J]. International Journal of Heat and Mass Transfer, 2008, 51 (17~18): 4439~4446.

[4] 张政铭. 水与高温熔融金属相互作用过程中接触特性研究 [D]. 上海：上海交通大学, 2014.

[5] Nelson L S, Duda P M, Frohlich G, et al. Photographic evidence for the mechanism of fragmentation of a single drop of melt in triggered steam explosion experiments [J]. Journal of Non-Equilibrium Thermodynamics, 1988, 13 (1): 27~55.

[6] Pilch M, Erdman C A. Use of breakup time data and velocity history data to predict the maximum size of stable fragments for acceleration-induced breakup of a liquid drop [J]. International Journal of Multiphase Flow, 1987, 13 (6): 741~757.

[7] Lamome J, Meignen R. On the explosivity of a molten drop submitted to a small pressure perturbation [J]. Nuclear Engineering and Design, 2008, 238 (12): 3445~3456.

[8] Patel P D, Theofanous T G. Hydrodynamic fragmentation of drops [J]. Journal of Fluid Mechanics, 1981, 103 (1): 207~223.

[9] Abe Y, Kizu T, Arai T, et al. Study on thermal-hydraulic behavior during molten material and coolant interaction [J]. Nuclear Engineering and Design, 2004, 230 (1): 277~291.

[10] Żyszkowski W. On the transplosion phenomenon and the Leidenfrost temperature for the molten copper-water thermal interaction [J]. International Journal of Heat and Mass Transfer, 1976, 19 (6): 625~633.

[11] Koprinkov I G, Naylor G A, Pique J P. Generation of 10mW tunable narrowband radiation around 210nm using a 6.5kHz repetition rate copper vapour laser pumped dye laser [J]. Optics Communications, 1994, 104 (4~6): 363~368.

[12] Inoue A, Aritomi M, Takahashi M, et al. An Analytical Model on Vapor Explosion of a High Temperature Molten Metal Drop in Water Induced by a Pressure Pulse [J]. Chemical Engineering Communications, 1992, 118 (1): 189~206.

[13] Papuccuoglu H, Borak F. Alternative Fragmentation Theory for a Melt Droplet [J]. Journal of Thermophysics and Heat Transfer, 2015, 19 (2): 172~177.

[14] Corradini M L, Kim B J, Oh M D. Vapor explosions in light water reactors: A review of theory and modeling [J]. Progress in Nuclear Energy, 1988, 22 (1): 1~117.

[15] Ciccarelli G, Frost D L. Fragmentation mechanisms based on single drop steam explosion experiments using flash X-ray radiography [J]. Nuclear Engineering and Design, 1994, 146 (1): 109~132.

［16］纪国剑，李佩萤，李森，等．蒸汽爆炸中熔融金属与冷却剂接触特性研究综述［J］．工业安全与环保，2019，8：22~27．

［17］Kolev N I. Multiphase Flow Dynamics 2：Mechanical Interactions［M］．Berlin：Springer，2002．

［18］Hansson R. An experimental study on the dynamics of a single droplet vapor explosion［D］．Stockholm：Royal Institute of Technology，2010．

［19］Magallon D，Huhtiniemi I. Corium melt quenching tests at low pressure and subcooled water in FARO［J］．Nuclear Engineering and Design，2001，204（1）：369~376．

［20］Taleyarkhan R P. Vapor explosion studies for nuclear and non-nuclear industries［J］．Nuclear Engineering and Design，2005，235（10~12）：1061~1077．

［21］梁虎，王黎．多效蒸发系统优化设计研究［J］．化学工程，1997，6：48~51．

［22］黄望哩．铅基堆 SGTR 事故下铅铋与水接触碎化行为研究［D］．合肥：中国科学技术大学，2016．

［23］Lu Q，Chen D Q，Li C. Visual investigation on the breakup of high superheated molten metal during FCI process［J］．Applied Thermal Engineering，2016，98：962~975．

［24］Li Y K，Wang Z F，Lin M，et al. Experimental Studies on Breakup and Fragmentation Behavior of Molten Tin and Coolant Interaction［J］．Science and Technology of Nuclear Installations，2017，4576328．

［25］Brandes E A，Brook G B. Smithells Metals Reference Book［M］．Oxford：Butterworth-Heinemann，1992．

［26］Cheng H，Zhao J Y，Wang J. Experimental investigation on the characteristics of melt jet breakup in water：The importance of surface tension and Rayleigh-Plateau instability［J］．International Journal of Heat and Mass Transfer，2019，132：388~393．

3 熔融锡撞击水面诱发蒸汽爆炸

3.1 实验装置与实验方案介绍

3.1.1 实验装置介绍

3.1.1.1 实验装置整体布置

图 3-1 所示为本实验装置的整体布置示意图，该实验装置由立式熔融炉系统、高速摄像系统和压力采集系统三部分组成。熔融金属在加热炉系统中加热到设定温度后，经自由下落与水箱中的冷却水发生接触，通过高速摄像系统对熔融金属进入水中后的形态演变过程进行可视化拍摄，并通过压力采集系统记录高温熔融金属遇水发生爆炸的瞬态压力。

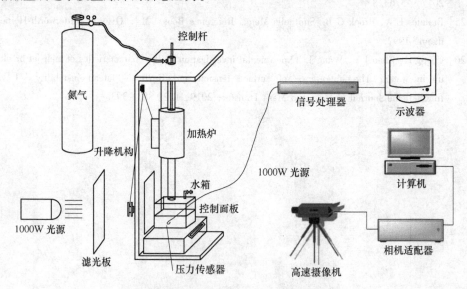

图 3-1 熔融锡撞击水面实验装置系统示意图

3.1.1.2 立式熔融炉系统

图 3-2 所示是立式熔融炉的实物图，整个装置高 1.6m，宽 0.4m，包括加热装置、金属释放装置和实验水箱、气体通道三个部分。

（1）加热装置。本熔融炉为电阻式加热炉，通过电阻丝加热使金属融化，最高加热温度可以达到 1100℃，长时间加热时熔融金属的温度最高可持续在 1000℃，额定功率是 2.5kW。加热炉可通过外在的垂直升降装置调节加热区位置，以改变熔融金属落入水中的下落高度，且可改变的范围在 20～100cm。加热炉的温度通过温度控制器设定，本设备采用自适应 PID 控制和自整定调节，通过控制面板将熔融金属加热到实验的设定温度，同时可以将其保持在设定温度，以实现恒温控制。设定温度和炉内实际温度均可通过控制面板显示器直接读取，另外配有超温和过载断电功能，以保证实验人员安全。为了使熔融金属的实验温度更加精确，在外部另外配有热电偶测温系统，热电偶在高温测量时误差在 5℃上下，通过热电偶的显示仪表直接读取熔融金属液的实时温度。本书实验的熔融金属的温度由熔融炉进行控制，熔融炉内部带有测温装置，当控制器上显示温度达到设定温度后，会将熔融金属保持在设计所需温度加热 5min，释放之前再用 K 型热电偶测量金属温度。冷却水温度由测温计进行测量得到，以此来减小测量造成的误差。

图 3-2　立式高温熔融炉实物图

（2）金属释放装置。熔融金属的释放装置为石英玻璃套管和石英玻璃棒组合而成。考虑到石英玻璃的最高耐热温度为 1200℃，且具有较高的光谱透射，便于观察管内的熔融金属的状态和残留情况，因此本实验装置中套管的材料采用石英玻璃。图 3-3 所示是套管的实物图，图 3-4 为示意图。金属盛放在套管的内管，内管底部设有出料口，通过石英玻璃棒的提升来控制出料口的封闭和打开。内管放置在外管里面，外管作为材料的下落通道，与实验水箱相连。通过预试验得知，石英玻璃内管底部的出料口为锥形比为圆柱形时更容易形成液柱，残留的金属会更少，因此石英玻璃内管底部的出料口设计为锥形，石英玻璃棒的底部也设计为与出料口所相配的锥形。金属融化并达到实验设定温度后，提升石英玻璃棒，使熔融金属液通过出料口呈柱状落入水中。熔融金属的下落高度是指从熔融金属的出口到水面的直线距离，并通过改变盛放熔融金属的内管的高度来实现控制内管出口到水液面的距离。熔融金属的直径通过出料口的大小来控制，并通过更换不同直径的内管来达到改变熔融金属液柱直径的目的。本书采用的内管滴料口最小直径为 3mm，最大直径为 15mm。

图 3-3　熔融金属释放机构实物图
（a）提升杆；（b）滴料口

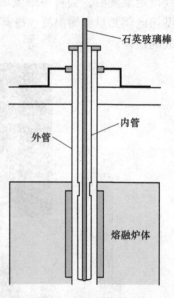

图 3-4　释放机构示意图

（3）实验水箱和气体通道。实验水箱采用透明有机玻璃板制成，尺寸为 200mm×200mm×200mm，厚度为 5mm。如图 3-5 所示，压力传感器安装在玻璃水箱的侧面，距离底部 100mm 的中间位置。实验水箱用于盛放冷却水，是熔融金属与水发生相互作用的观察区域。水箱的盖子起到密封水箱和连接外管的作用，同时外管的顶部与石英玻璃棒处也密封连接，使整个实验装置都可以处于一个密封的状态。水箱盖上设有惰性气体出气口，与顶部的惰性气体进气口、石英玻璃套管共同构成一个气体通道，可进行有氧气和隔绝氧气两种工况下的实验。

如图 3-6 所示，把外管下部和实验水箱进行封闭连接，同时将内外管上部与提升棒也进行封闭连接，并在这两个密封处分别加装一个通气口，形成一条包含材料加热区和相互作用区的气体通道。通过气体通道把高纯氮气持续通入，可以最大程度的避免实验材料被氧化，以保证实验结果的准确性，另外也可以进行氧化作用和非氧化作用下熔融金属和冷却水相互作用结果的对比。

图 3-5　水箱实物图

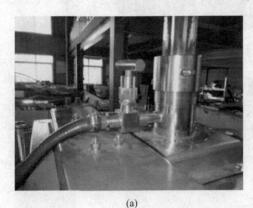
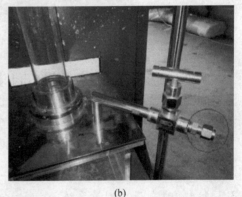

(a)　　　　　　　　　　　　　　　　　(b)

图 3-6　气体通道实物图

（a）惰性气体进气口；（b）惰性气体排气口

3.1.1.3　高速摄像系统

熔融金属与冷却水相互作用时，会发生金属碎化以及蒸汽膜的形成与坍塌等现象，该过程十分迅速，时间和空间尺度很小，必须借助高速摄像技术来对该实验现象进行可视化观测。本书采用日本 NAC 公司生产制造的 Memrecam HX-3E

数字高速摄像机来记录两者的相互作用过程，相机机身如图 3-7 所示，该相机集高分辨率、高拍摄速度和高感光度功能于一身。相机最大分辨率为 2560×1920，该分辨率下可获得帧速 2000Hz/s，可以通过降低分辨率来获得更高的拍摄速度，最高可达 210000Hz/s，为了获得较为清晰的图像，本章实验中采用 2000Hz/s 的帧速进行观测和记录。实验中液滴尺寸在毫米量级，且相互作用过程中出现的汽膜坍塌和碎化现象的尺度甚至更小，常规相机对这些微小细节难以捕捉，为了让高速相机可以更加清晰地拍摄到这些复杂的物理现象，本文选取 Nikon 公司的 60mm 微距镜头，可以在近距离下对拍摄的细节进行放大以获取更好的观测效果。相机记录的数据传导至计算机，通过对应软件的处理得到熔融金属和冷却水相互作用的视频或图像。

图 3-7　　NAC Memrecam HX-3E 数字高速摄像机

实验中的相互作用过程大多在几十毫秒量级，为了获得较好的拍摄效果，曝光时间要短，然而较短的曝光时间下，仅靠相机光圈和本身的亮度调节难以得到清晰的画面，因此本章实验中采用了一个最大功率 1000W 的 LED 光源进行补光，并在光源和实验区域之间设置了滤光板以获得较为均匀柔和的光线。LED 光源和滤光板的实物如图 3-8 所示。

3.1.1.4　瞬态压力测量系统

高温熔融金属液与冷却水的相互作用过程会在一定的条件下会产生蒸汽爆炸现象，爆炸过程中形成的冲击波可能对周围环境造成损坏，因此在实验中需要对蒸汽爆炸产生的压力数据进行监测，进而了解其可能造成的危险。蒸汽爆炸形成的冲击波是一种瞬态压力波，传播速度快，时间尺度小，因此对实验中的压力测量系统有着较高的要求。本章实验中瞬态压力测量系统主要包括压力传感器、信号适调仪和示波器三个部分。

蒸汽爆炸产生的冲击波信号变化迅速，无周期性，且能量可能较大，因此选

(a)　　　　　　　　　　　　　(b)

图 3-8　补光系统

（a）LED 光源；（b）滤光板

择的压力传感器应具有灵敏度高、频率响应宽和耐高温高压等特点，不合适的压力传感器不仅不能完成测量任务，还会造成设备本身的损坏。压电式压力传感器体积小，结构简单，工作可靠性强，具有测量精度高、灵敏度高、测量范围宽的特点，这些优点使之成为动态压力检测中最常用的压力传感器，但由于压电元件存在电荷泄露的情况，不宜用于测量静态压力和缓慢变化的压力。因此本书实验中选取美国 PCB 公司生产的 102B15 压电式压力传感器，如图 3-9 所示。

图 3-9　PCB 102B15 压电式压力传感器

在振动与冲击的测量中，压电效应输出的电荷信号比较微弱且不稳定，因此传感器输出的信号必须经过适调，以适应电缆、记录仪器和传输仪器的要求。信号适调仪主要包括信号变换器、放大器、滤波器、微分器和积分器等，本文实验中选取美国 PCB 公司生产的 483C40 信号适调仪与压力传感器进行匹配使用，其实物如图 3-10 所示。

图 3-10　PCB 483C40 信号适调仪

压力信号经适调仪处理后，必须通过数据采集系统进行数据采集和存储，从而得到压力波数据或者在界面上输出压力波曲线。蒸汽爆炸过程时间短（毫秒级），压力波传播速度快，然而整个实验过程较长（秒级），因此要求数据采集系统采样速度高，且数据存储深度大。本书实验中选取日本 HIOKI 公司生产的 8861-50 存储记录仪，兼备示波和数据记录功能，具有 20MS/s 的高速采样读取功能，其实物如图 3-11 所示。

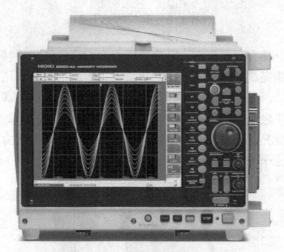

图 3-11　HIOKI 8861-50 存储记录仪

3.1.2　实验方案设计

3.1.2.1　熔融锡液滴与冷却水相互作用

把高温熔融炉、实验水箱、高速摄像系统等连接起来，对熔融锡液滴和冷却水的相互作用进行可视化研究。在熔融炉内管中加入高纯锡粒进行熔化，通过调节加热装置的功率来控制金属锡液的温度，当控制面板显示的炉内温度达到预设值后，恒温 10min，并通过液面测温系统对锡液温度进行测量，以保证锡液温度达到要求。通过调节升降机构来控制锡液滴释放高度，从而改变液滴的入水速度，用高速摄像机对锡液滴下落过程以及和冷却水相互作用的过程进行拍摄，并从图像上获取液滴的速度和尺寸，另外，本书还通过理论推导给出了液滴在空气中下落的速度计算公式，相互作用后的产物由水箱底部的收集布收集，烘干后对其进行比较分析。

对于锡液滴和冷却水的相互作用，本书主要研究金属温度和下落速度对其的影响。水箱中的冷却水水温为25℃，释放熔融金属的内管孔径保持为3mm，实验中没有采用惰性气体保护。具体实验参数如表3-1所示，每组实验至少重复10次。

表 3-1 锡液滴和冷却水作用实验参数设置

实验编号	释放高度/cm	锡液温度/℃
1	15	300
		350
		400
		450
		500
2	30	300
		350
		400
		450
		500
3	45	300
		350
		400
		450
		500
4	60	300
		350
		400
		450
		500
5	75	300
		350
		400
		450
		500

实验编号	释放高度/cm	锡液温度/℃
		300
		350
6	90	400
		450
		500

3.1.2.2　熔融锡液柱与冷却水相互作用

熔融锡液柱和冷却水相互作用的实验所需控制的变量以及测量的参数与锡液滴实验有所不同，因此在实验系统和实验步骤上也有所改变。每组锡液柱实验中向内管中加入高纯锡粒 350g，锡粒在熔融炉内融化至设定温度后，恒温 10min，通过释放机构使锡液柱下落至水箱内，并与 25℃ 的冷却水相互作用，由高速摄像机对相互作用过程进行拍摄。在水箱侧壁开孔并布置压力传感器探头，高度位于水面下 2cm，通过瞬态压力测量系统对相互作用中产生的压力波进行记录，在水箱底部放置收集布对实验产物进行收集，然后进行烘干，并按照碎片尺寸对其分类统计。

在锡液柱和冷却水相互作用的实验中，研究了锡液温度、锡液下落高度、锡液直径、气体环境对两者相互作用的影响，锡液温度和下落高度的控制方式与锡液滴实验相同，通过更换不同孔径的内管来改变锡液柱的直径，通过气体通道对加热区和作用区持续通入氮气来创造惰性气体氛围。具体实验参数如表 3-2 所示，每组实验至少重复 3 次。

表 3-2　熔融锡液柱与冷却水实验参数

编号	液柱直径/mm	下落高度/cm	金属温度/℃
1	5	40	300
2	5	40	400
3	5	40	500
4	5	40	600
5	5	60	300
6	5	60	400
7	5	60	500
8	5	60	600
9	5	80	300
10	5	80	400
11	5	80	500

编号	液柱直径/mm	下落高度/cm	金属温度/℃
12	5	80	600
13	10	80	300
14	10	80	400
15	10	80	500
16	10	80	600
17	15	80	300
18	15	80	400
19	15	80	500
20	15	80	600

3.1.3 实验步骤

（1）检查整个实验装置各个部件的安全状态及其和线路之间的连接状态，确保装置中所有部件都能正常工作。

（2）将石英玻璃内管从上抽出，从进料口加入实验金属后放回外管中，拧紧上部密封法兰。将加热炉调整到实验所需要的高度，水箱中加入水，将石英外管密封连接。检查气密性，通入氮气（需要通入惰性气体时）。

（3）连接好高速相机，打开电脑，调好相机焦距，打开外部补光灯，调整明暗程度，达到实验拍摄要求。

（4）连接好压力传感器，信号适调器和存储记录仪，调试设备。

（5）打开加热炉电源，设定到加热温度。待熔融金属达到加热温度后，保持恒温十分钟，视为金属温度已达到并稳定在设定温度。

（6）再一次检查各个设备，准备就绪后，提升石英玻璃棒，同时用高速摄像机记录实验过程，用压力采集系统采集超压数据。

（7）放下石英玻璃棒，切断电源，保存数据并收集实验产物。

（8）整理实验数据。

3.2 熔融锡液滴与水作用动力学特性

3.2.1 实验参数测量与计算

为了探究熔融金属温度和下落速度对锡液滴与冷却水之间相互作用的影响，本章采用孔径固定为 3mm 的内管，通过调节熔融炉的加热功率和液滴释放高度，定性地分析了单个熔融锡液滴与冷却水直接接触的作用过程，并对实验中出现的现象进行比较和分类。通过对不同工况下各类实验现象进行统计分析，探讨了金属温度和下落速度对两者相互作用的影响规律，并结合高速摄像机拍摄的作用过程图片以及作用产物，进一步分析了熔融锡液滴和冷却水之间相互作用的机理。

3.2.1.1　液滴直径

本章实验中采用孔径固定为 3mm 的内管，熔融锡液滴在重力作用下从孔中下落，尽管孔径相同，但不同液滴的形状和尺寸会有一定的变化，在相互作用区域附近放置一个标准刻度尺，用来对液滴的尺寸进行测量。从高速摄像机的拍摄图片中截取液滴图像，其多呈雨滴状或近似椭球体，如图 3-12 所示。根据椭球体和球体的体积转换，用图像处理软件的标尺量取可以得到液滴的等效球直径，等效球直径可按下式进行计算：

$$D_e = (D_x^2 D_y)^{\frac{1}{3}} \tag{3-1}$$

式中　D_e——熔融锡液滴的等效球直径，mm；

　　　D_x——熔融锡液滴的短轴直径，mm；

　　　D_y——熔融锡液滴的长轴直径，mm。

3.2.1.2　液滴下落速度

液滴下落的速度是本章实验中重要的研究变量，通过高速相机拍摄的液滴下落视频可以对其进行测量和计算。取液滴和水面接触前的两张照片进行测距，获取液滴在这个微小时间段内的下落距离 L，相机帧数选取为 2000Hz/s，因此两张照片的时间间隔为 0.5ms，由此可以计算液滴的入水速度，如图 3-13 所示。

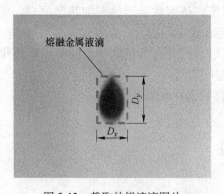

图 3-12　截取的锡液滴图片

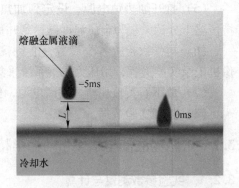

图 3-13　液滴在 0.5ms 内的下落距离

除了直接从视频上对液滴速度进行测量计算，本章还推导了金属液滴在空气中下落的速度计算式。根据牛顿第二定律，液滴受到的力等于其动量变化率，因此有：

$$F_n = \frac{d(mv)}{dt} \tag{3-2}$$

式中　F_n——作用在金属液滴上的力，N；

　　　m——金属液滴质量，kg；

　　　v——金属液滴速度，m/s；

　　　t——时间，s。

同时，液滴受到的作用力有自身的重力和空气阻力，因此 F_n 也可以表示为：

$$F_n = F_d - F_g \tag{3-3}$$

式中　F_g——液滴自身的重力，N；

　　　F_d——空气阻力，N。

其中液滴受到的空气阻力可以被表示为[1]：

$$F_d = \frac{1}{2} C_d \rho_g A (v + u_0)^2 \tag{3-4}$$

式中　C_d——阻力系数，0.44[2]；

　　　ρ_g——空气的密度，kg/m^3；

　　　A——液滴的正射投影面积，m^2；

　　　u_0——液滴周围气流的速度，m/s。在本章实验中由于液滴下落通道相对
　　　　　密闭，因此该参数可以忽略。

把式（3-4）代入式（3-3），综合式（3-2）可得：

$$\frac{dv}{dt} = \frac{C_d \rho_g A v^2}{2m} - g \tag{3-5}$$

用等效球直径 D_e 计算液滴的质量和正射投影面积，可以得到：

$$m = \frac{4}{3} \pi \rho_m \left(\frac{D_e}{2}\right)^3 \tag{3-6}$$

$$A = \pi \left(\frac{D_e}{2}\right)^2 \tag{3-7}$$

式中　ρ_m——金属液滴的密度，kg/m^3。

把式（3-6）和式（3-7）代入式（3-5），经过积分可以得到：

$$\Delta V_{mw} = \sqrt{\frac{3gD_e\rho_m}{\rho_g}} \tanh\left\{\ln\left[\exp\left(\frac{0.33\rho_g H}{D_e\rho_m}\right) + \sqrt{\exp\left(\frac{0.66\rho_g H}{D_e\rho_m}\right) - 1}\right]\right\} \tag{3-8}$$

式中　H——液滴下落的高度，m。

该式可以计算任意材料的液滴从某一高度自由释放后的下落速度，把各温度
下金属锡的相关参数代入式中，并把计算结果与根据视频测量计算得到的结果进
行比较，如表3-3所示，可以发现两种方式得到的速度值差值较小，在本章实验
中完全可以接受。

表 3-3　锡液滴下落速度预测值和测量值

工况	$H=15\text{cm}$ $D_e=4.8\text{mm}$	$H=30\text{cm}$ $D_e=5.2\text{mm}$	$H=45\text{cm}$ $D_e=5.2\text{mm}$	$H=65\text{cm}$ $D_e=5.2\text{mm}$	$H=75\text{cm}$ $D_e=4.8\text{mm}$	$H=90\text{cm}$ $D_e=4.6\text{mm}$
$v_1/\text{m}\cdot\text{s}^{-1}$	1.71	2.41	2.95	3.41	3.81	4.17
$v_2/\text{m}\cdot\text{s}^{-1}$	1.67	2.38	2.92	3.33	3.80	4.17
偏差/%	2.4	1.3	1.0	2.4	0.3	0

注：v_1 是由式（3-8）计算得到的下落速度预测值；v_2 是根据视频测量计算得到的下落速度。

3.2.2　典型实验现象

本章实验中金属锡液滴的等效球直径平均为 5.0mm，其中最小 4.0mm，最大 6.3mm，金属液温度变化范围为 300～500℃，液滴释放高度变化范围为 15～90cm。在开展的一系列实验中，发现了四种典型的相互作用现象，以锡液滴在相互作用过程中的形态为特征，分别命名为无碎化现象、片状展开现象、片状碎化现象和颗粒状碎化现象。

3.2.2.1　无碎化现象

当温度较低的锡液滴以较低的速度进入冷却水中时，两者相互作用中所出现的现象大多为无碎化现象，图 3-14 所示为锡液温度 350℃、入水速度 1.71m/s 时的相互作用现象。以锡液滴头部刚接触水面作为 0ms，在 6ms 时液滴已经完全进入水中，之后可以观察到有少量微小的气泡从液滴中部及尾部生成，然而在整个过程中锡液滴的形态基本保持完整，水面上除了撞击点附近的水受到挤压作用形成的浅弹坑以外没有其他明显现象。图 3-15（a）展示了该作用现象所对应的实验产物，可以清晰地看到在固体颗粒的尾部及中部有一些不规则的微小凸起和凹陷，这是锡液滴和冷却水相互作用过程中的局部小破碎所形成的，然而从整体上看，锡液滴并没有发生一定规模的碎化行为，而是保持了其完整的形态。

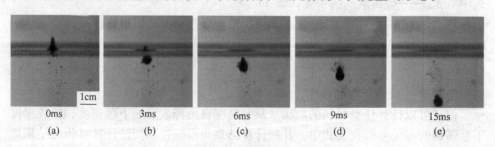

　0ms　　　　　3ms　　　　　6ms　　　　　9ms　　　　　15ms
　(a)　　　　　(b)　　　　　(c)　　　　　(d)　　　　　(e)

图 3-14　锡液滴和冷却水接触的无碎化现象

图 3-15 锡液滴和冷却水相互作用的产物

（a）无碎化现象；（b）片状展开现象；（c）片状碎化现象；（d）颗粒状碎化现象

3.2.2.2 片状展开现象

随着锡液滴温度的升高和入水速度的增加，相互作用过程发生了改变，出现了片状展开现象，图 3-16 所示为锡液滴温度 450℃、入水速度 3.41m/s 时，两者的相互作用现象。仍然以液滴头部接触水面作为 0ms，在 2ms 时液滴已经完全进入水中，水面下形成一个泡状区域，可以观察到金属锡分布在泡状区域的中部边界及底部，而区域的内部可能是汽、水或者两者的混合物。值得注意的是，这个区域的边界并非是光滑的，而是凹凸不平的，甚至可以发现一些刺状凸起结构。与此同时，水面上在撞击点附近形成了一个类似王冠的结构。之后的数毫秒，泡状区域以及其底部的锡继续扩展，水面上王冠结构的规模也在增加。在 10ms 时，锡已经变成了卷曲的片状，仍然处于泡状区域的最底部，而水面上的王冠结构已

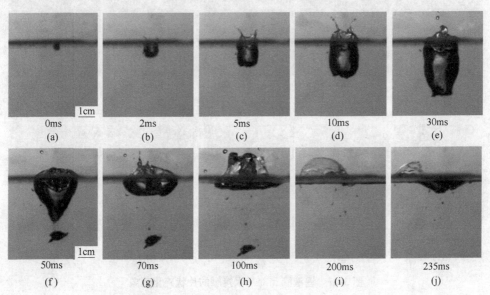

图 3-16 锡液滴和冷却水接触的片状展开现象

经开始收缩。到了 30ms 时，泡状区域体积已经达到最大，膨胀过程基本结束，底部的锡片也开始与之脱离。之后，锡片在水中下沉，同时有少量尺寸较小的固体锡从正在收缩的泡状区域中脱离出来，而水面在经过一系列形态变化后形成了一个半球形的气泡。图 3-15（b）展示的是此工况下对应的实验产物，可以看到主体部分呈卷曲的不规则片状，另外还有少量的小碎片，在这类现象中，锡液滴和冷却水相互作用后展开成了片状，形态发生了较大的改变。

3.2.2.3　片状碎化现象

当锡液滴温度和入水速度继续增加时，锡液滴和冷却水相互作用过程中的碎化现象逐渐加强，出现了一定规模的碎化行为，图 3-17 所示为锡液温度 500℃、入水速度 4.16m/s 时两者的相互作用现象。可以看到，在 2ms 时，水面下形成泡状区域，区域边界非光滑且有一些尖刺状凸起，水面上形成小型王冠结构，这与之前描述的片状展开现象是相似的。从图 3-15（c）和图 3-15（d）可以观察到金属锡呈片状延展，且大多分布在区域底部边界和中部边界，有一些尺寸较小的锡已经处于区域外边界，并有了开始脱离的趋势，同时，水面上的王冠结构开始收缩。到了 20ms 的时候，泡状区域膨胀过程基本结束，体积达到最大，水面上出现一道明显的水柱，该水柱并非是由弹坑回缩形成的射流，而是王冠结构向内收缩后水体挤压所形成的。从图 3-17（f）可以看到，40ms 时大部分的锡已经脱离泡状区域，而且破碎成了大小不一的不规则片状，之后随着泡状区域的向上收

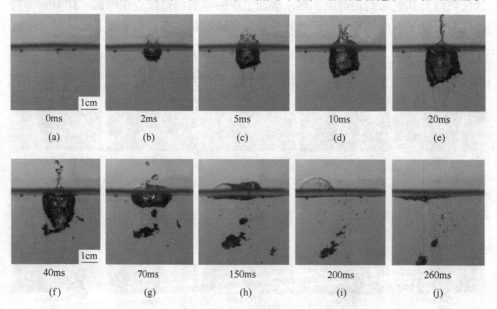

图 3-17　锡液滴和冷却水接触的片状碎化现象

缩，不断的有余下的锡从中脱离，而水面上经历一系列形态变化后形成了半球形气泡。图 3-15（c）展示的是片状碎化现象所对应的实验产物，从图上可以看到，锡液滴与冷却水的相互作用过程中发生了一定规模的碎化行为，产物多为大小不一的、卷曲的不规则片状。

3.2.2.4 颗粒状碎化现象

当锡液滴的温度较高而入水速度较低时，出现了另一种典型的相互作用现象，图 3-18 所示为锡液滴温度 500℃、入水速度 1.71m/s 时两者的相互作用过程。该类作用过程非常迅速，与之前描述的片状展开和片状碎化现象不同，它没有在水下形成明显的泡状区域。从图 3-18（b）、图 3-18（c）和图 3-18（d）可以观察到，锡液滴头部进入水中后立即开始急速膨胀，其表面先是出现了数个凹陷，随着液滴的膨胀，凹陷也逐渐加深加宽，同时相邻凹陷之间的锡则凸了出来，随后凸出的部分与主体部分迅速有了脱离的趋势。整个锡液滴的膨胀过程和破碎过程在 5ms 内完成，之后破碎的固体锡团开始下沉，需要注意的是，从图 3-18（h）、图 3-18（i）和图 3-18（j）可以观察到，在下沉过程中有数个较大体积的气泡从固体锡团内部逸出。在这类相互作用下，水面上没有形成完整的某种结构，只是溅起了一些不规则的水滴。图 3-15（d）所示为这类相互作用现象所对应的实验产物，可以看到主体部分呈蜂窝状，表面由颗粒物组成，旁边散落的部分产物也大多是固体锡颗粒，这与之前介绍的各类现象有着明显的区别。

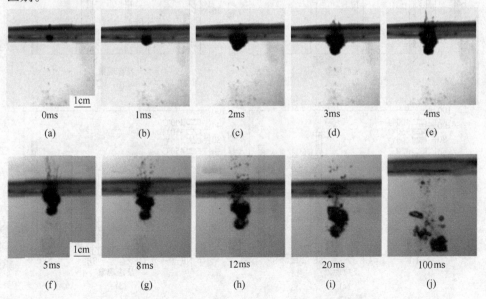

图 3-18　锡液滴和冷却水接触的颗粒状碎化现象

对于锡液滴和冷却水之间的相互作用现象，国内外学者从过程图像和作用产物两方面都曾给出过一些介绍，尽管由于实验工况的不同，相互作用现象会有一些区别，但是总体上都可以分为本节所归纳的几类。

3.2.3 熔融锡液滴与水作用的规律分析

尽管熔融锡液滴和冷却水的相互作用在相同工况下可能出现不同的作用现象，但其具有明显的规律性，图 3-19 所示为上述四种现象在不同实验工况下出现的频率统计情况，相同工况下的实验至少重复了 10 次。

当锡液滴的下落速度较低时，作用现象大多分布于图的左侧，即无碎化现象和颗粒状碎化现象在这一条件下出现的较为频繁，如图 3-19（a）所示。在这其中，液滴温度较低的往往出现的是无碎化现象，300℃的锡液滴以 1.71m/s 的速度和冷却水接触出现无碎化现象的频率达到了 100%；而液滴温度较高的往往出现的是颗粒状碎化现象，500℃的锡液滴以 1.71m/s 的速度和冷却水接触出现颗粒状碎化现象的频率达到了 75%。可以发现，较低的速度和较高的温度共同作用会促进锡液滴的颗粒状碎化行为。

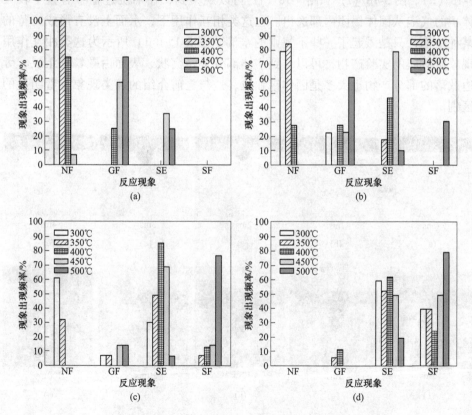

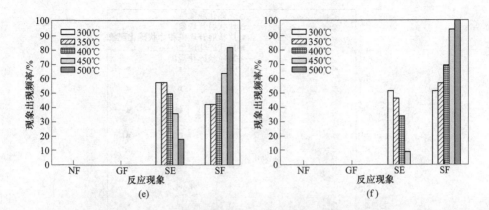

图 3-19　不同实验工况下各类现象出现的频率统计

(a) $v=1.71$m/s；(b) $v=2.42$m/s；(c) $v=2.96$m/s；(d) $v=3.41$m/s；(e) $v=3.81$m/s；(f) $v=4.17$m/s

NF—无碎化现象；GF—颗粒状碎化现象；SE—片状展开现象；SF—片状碎化现象

随着锡液滴下落速度的增加，作用现象在图上的分布逐渐向右移动，即片状展开现象和片状碎化现象所占的比例逐渐增加，如图 3-19（b）、图 3-19（c）、图 3-19（d）和图 3-19（e）所示。当锡液滴下落速度达到 3.81m/s 时，可以从图 3-19（e）上看到，此时无碎化现象和颗粒状碎化现象已经不再出现。需要注意的是，随着锡液滴下落速度的增加，片状展开现象出现的频率呈先增加后减少的趋势，而片状碎化现象出现的频率则一直增加，尤其是在前者频率由增转减的时候，后者频率开始迅速增加。当锡液滴下落速度较高时，片状碎化现象占据了较大的比例，而且在相同速度下，温度较高的锡液滴更容易发生片状碎化现象，500℃的锡液滴以 4.17m/s 的速度和冷却水接触，发生片状碎化现象的比例达到了 100%。由上可知，较高的下落速度和较高的温度下，锡液滴和冷却水的接触更容易发生片状碎化现象。本书认为在该研究中下落高度的变化范围（20～50cm）不足以使得作用现象及各类作用产物的比例发生明显的改变。

虽然相同工况下可能会出现不同的作用现象，但是几乎每种工况下都有一种现象占据了较大的比例，即主导现象。为了更加清晰的展示各种作用现象与实验工况之间的关系，对不同工况下的主导现象进行统计，结果如图 3-20 所示[3]。需要注意的是，在少数几个工况下，有两种作用现象所占比例比较接近，这一点在统计结果中已有显示。

对各实验工况下的主导现象进行分析，可以发现除了颗粒状碎化现象以外，其他三种现象之间存在一定的转化关系。当锡液滴温度和下落速度较低时，主导现象为无碎化现象，随着下落速度的增加，逐渐转化为片状展开现象，尤其对温度相对较高的锡液滴来说，这种转化更容易发生。对于片状展开现象作为主导现象的工况，继续增加液滴下落速度，片状碎化现象所占的比例逐渐超过片状展开

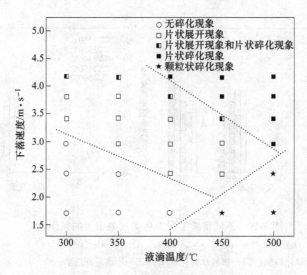

图 3-20　各工况下的主导现象

现象，从而成为主导现象；同样，对于温度相对高的锡液滴来说，这种转化更容易发生。另外，对于同一片状展开现象作为主导现象的工况来说，其相互作用的强度也有所不同，液滴温度和速度较低的工况下，实验产物多为较小较厚的片状固体，而液滴温度和速度较高的工况下，实验产物多为较大较薄的片状固体，这也在一定程度上表明了上述的转化关系。颗粒状碎化现象则较为独立，其对应的实验产物也与其他三种现象有明显的区别，当锡液滴温度达到 500℃时，下落速度较低的工况中以颗粒状碎化现象为主导现象；下落速度较高的工况中以片状碎化现象为主导现象。

3.2.4　熔融锡液滴与水作用的机理分析

熔融锡液滴和冷却水之间的相互作用过程在不同的条件下会出现不同的现象，本书从传热学和流体力学的角度对其作用机理进行分析。当高温锡液滴进入冷却水中后，由于巨大的传热温差，金属液滴周围的水会发生沸腾，从而形成一层蒸汽膜，阻碍熔融金属和冷却水之间的传热过程。然而，由于各种扰动的存在，这层蒸汽膜并不稳定，局部的汽膜塌陷会使液态金属和冷却水直接接触进而加剧传热，这导致金属液滴开始碎化，尤其是温度较高的锡液滴和冷却水直接接触后，其界面温度超过自发核化沸腾温度。传热机理主要为自发核化沸腾，水会在极短的时间内发生相变，剧烈的沸腾产生大量蒸汽，从而形成蒸汽爆炸。

在锡液滴的下落速度和温度都比较低的情况下，一方面液滴容易被冷却凝固，另一方面蒸汽膜受到的扰动较小，因此锡液滴大多保持完整形态，但是少量的局部汽膜塌陷仍有可能造成局部的剧烈作用，如图 3-15（a）所示，液滴尾部凸起的不规则结构就是局部剧烈作用后形成的，这是由于液滴和冷却水之间具有相对速度，从而由开尔文-亥姆霍兹不稳定性导致了局部的汽膜塌陷，使得冷却水和高温锡液滴直接接触。然而，由于锡液滴的下落速度较低，汽膜的不稳定性仅在局部造成影响，不会导致大面积的碎化行为。

当温度较高的锡液滴以较低的速度进入冷却水中时，相互作用发生了改变，大多数锡液滴和水剧烈作用，产生蒸汽爆炸，形成了蜂窝状产物和颗粒状产物。从高速摄像机对相互作用过程的拍摄结果以及作用后的产物形态来分析，本文认为这种情况下的相互作用机理类似于 Kim 提出的熔滴碎化模型[4]。汽膜局部塌陷后，熔融锡液滴表面的一系列局部点与周围冷却水之间产生直接接触传热。由于此时直接接触区域的温度超过了冷却水的均相成核温度，这些局部点上发生了一系列的小规模蒸汽爆炸，如图 3-21 所示。蒸汽爆炸所带来的局部蒸汽高压挤压熔融锡的局部表面，因此，在液滴表面形成了尖刺状结构。如图 3-22 所示，蜂窝状碎化的产物体积明显大于熔融锡的初始体积，并且在产物内部形成了一个空腔。在目前的研究中，我们推断熔融锡液滴的膨胀是由涌入的微小水射流的蒸发所引起的。微小的冷却水射流可以通过熔融锡液滴表面刺状结构之间的间隙穿透到液滴内部，然后在液滴内部迅速蒸发，所产生的内部蒸汽压力导致了液滴的体积膨胀和空腔的形成。

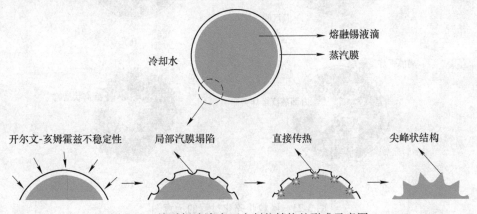

图 3-21 熔融锡液滴表面尖刺状结构的形成示意图

图 3-22 是这类相互作用形成的蜂窝状产物实物图，从图上可以看到在蜂窝状结构上只有一个比较明显的空坑，这是冷却剂射入熔滴内部的行为造成的。图 3-23 所示是这类相互作用过程的示意图。

锡液滴下落速度对其与冷却水之间的相互作用有显著影响，随着下落速度的增加，片状碎化现象逐渐占据了主导地位。关于速度增加对碎化行为的促进作用，水力学碎化理论[5~7]认为液滴与冷却水之间的相对运动造成了液滴表面失稳，剥离机制导致了液滴碎化，碎化的能量来自于流体的动能，其中起到稳定作

图 3-22　蜂窝状产物

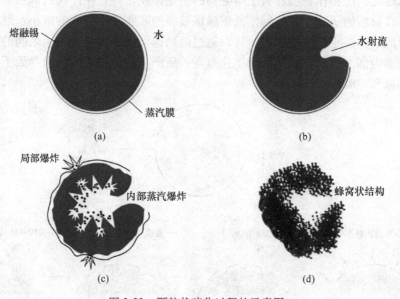

图 3-23　颗粒状碎化过程的示意图

用的是金属液滴的表面张力，随着液滴速度增加，其韦伯数也增加，金属表面被剥离的程度也随之加剧。而热力学碎化理论则认为碎化的能量直接来自于高温金属液滴具有的热能，其中 Ciccarelli-Frost 模型[8] 提出蒸汽膜由于不稳定性的影响而形成一系列局部塌陷，高温金属液和冷却水的直接接触导致剧烈传热，产生的蒸汽膨胀并挤压周围金属液，从而形成金属尖峰进而引发液滴碎化。

　　根据实验现象以及其变化规律，本书认为热力学碎化机制直接导致了锡液滴的片状碎化行为。高温锡液滴以较大的速度进入冷却水中，冷热流体交界面迅速形成一层蒸汽膜，由于较大的相对速度，开尔文-亥姆霍兹不稳定性对蒸汽膜造成了较大范围的扰动，导致了一系列局部塌陷点，局部剧烈沸腾产生蒸汽挤压周围金属液，在锡液滴表面形成尖峰结构，如图 3-24 所示。在这些局部剧烈作用的影响下，尖峰状结构不断凸出液滴表面，高温金属液和冷却水直接接触的面积迅速增加，最终引发大面积的碎化。由于锡液滴冲击速度较大，运动过程中受到的阻力更大，所以更加容易被延展开，这可能是碎化产物多呈片状的原因之一。当锡液滴下落速度相同且较高时，随着温度的增加，液滴碎化程度逐渐加剧，以下落速度同为 3.81m/s 为例，相互作用现象由片状展开逐渐转变为片状碎化，本书认为这是由于传热温差的增大导致了冷热流体间相互作用强度的增加。而这一规律并不符合水力学碎化理论，因为该理论认为液滴碎化是由液滴的动能克服了其表面张力，尽管随着温度的变化，锡液滴表面张力会发生变化，但国内外学者研究表明[9, 10]，在本书实验的温度变化范围内金属锡的表面张力变化程度并不大，尤其是在含氧环境中，随着锡的温度从 300℃ 升高到 500℃，其表面张力先上升后下降，基本维持在同等水平，因此锡液滴表面张力并不足以造成其与冷却水相互作用现象的改变。

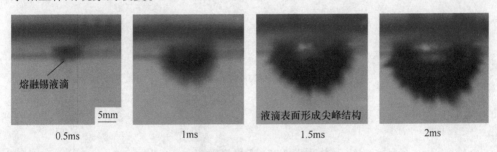

| 0.5ms | 1ms | 1.5ms | 2ms |

图 3-24　锡液滴表面的尖峰结构

3.3　熔融锡液柱与水作用动力学特性

本部分讨论了在不同的熔融锡温度、不同的熔融锡液柱直径、不同的液柱下落高度以及不同气体氛围环境下的柱状熔融锡与冷却水的接触实验，描述了实验中出现的典型现象，解释了各种现象形成和发展的机理，从实验产物和蒸汽爆炸产生的压力两个方面分析各个实验因素对实验现象的影响，揭示了不同因素对熔融锡液柱遇水后发生蒸汽爆炸的演变规律及爆炸强度的影响[11]。

3.3.1　典型现象

在当前的研究中，高温熔融金属接触冷却水之后，冷却水会受热迅速蒸发。同时，由于高温熔融金属碎裂，使熔融金属与冷却水之间的接触面积大大增加，导致冷却水突然沸腾并迅速膨胀产生压力波，一般把此过程称为蒸汽爆炸。本次实验中可以观察到三种典型的现象：不爆炸现象、产物外部爆炸现象和产物内部爆炸现象。

3.3.1.1　无爆炸现象

图 3-25 显示了在熔融锡液柱温度为 300℃，下落高度为 40cm 和液柱直径为 5mm 时，熔融锡液柱与冷却水相互作用的图像。这里将熔融锡液柱刚接触水面时设置为 0ms。需要说明的是，由于锡液柱的温度比较低，其黏度会比较差，锡液柱呈间断式下落，每一段锡液柱进入水中后都会造成气泡，在 0ms 的图中所标出来的气泡是前一段锡液柱造成的，对本次实验现象并没有影响。从图中可以观察到，这一段熔融锡液柱进入水中后并没有发生碎化和膨胀现象，而是直接凝固成长条状，并在 3~10ms 内下沉。在这段锡液柱从进入水中到沉入水箱底部的整个过程中，都没有观察到明显的爆炸，我们称这种现象为无爆炸现象。需要指出的是，当熔融锡液柱的温度和下降高度相对较低时，在大多数实验测试中都会出现无爆炸现象，但并不意味着所有的都是无爆炸现象。由于液柱的不连续性，每一段液柱单独下落，在低温和低高度时发生碎化和爆炸具有一定的随机性。

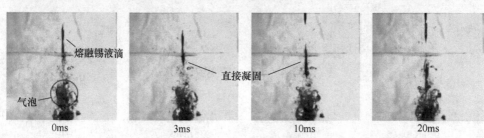

图 3-25　无爆炸现象

3.3.1.2　产物外部爆炸现象

图 3-26（a）为熔融锡液柱温度为 300℃，下落高度为 40cm，液柱直径为 5mm 条件下产物外部爆炸现象的连续图像。同之前描述的一样，锡液柱依旧呈间断式下落，并且前一段液柱所造成的气泡对本次实验现象没有影响。在 8ms 时，熔融锡液柱进入水中后，其前端部分不会发生碎化，直接凝固成一个尖端状，水中锡液柱中间的某一个点会突然发生膨胀，我们可以观察到膨胀区域的边界不光滑并且有一些塌陷现象。在 12ms 时，熔融锡液柱继续膨胀，熔融锡液柱的前端未反应部分逐渐与膨胀部分分离并下沉。在 25ms 时，熔融锡液柱的膨胀区域破裂，产生了一些不规则的块状、粉末和小颗粒产品。此外，水箱底部的产物均是在反应结束后沉入箱底，没有与水中的锡液柱段相连，因此对本次爆炸没有直接影响。我们把这种在底部累积产物上方发生的液柱上的局部爆炸称为产物

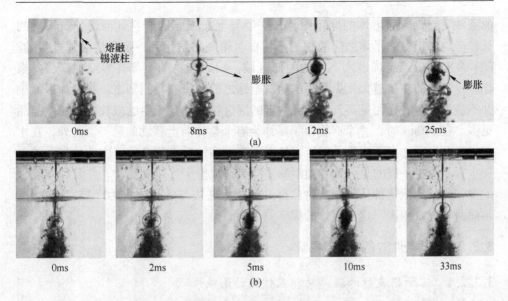

图 3-26 产物外部爆炸现象
(a) 熔融锡液柱温度 300℃，下落高度 40cm，液柱直径 5mm；
(b) 熔融锡液柱温度 600℃，下落高度 40cm，液柱直径 5mm

外部爆炸现象。随着温度升高，熔融锡液柱的连续性会增加。如图 3-26（b）所示，当温度升至 600℃时，熔融锡液柱呈连续形下降，几乎不会有间断。因为熔融锡液柱是连续的，所以这里把在熔融锡液柱刚刚开始膨胀的时间设置为 0ms，这里水箱底部累积的产物依旧对已经在液柱上所发生的爆炸不产生影响。熔融锡液柱在进入水中后，膨胀和爆炸的地方相对于图 3-26（a）而言有所向下，主要爆炸点在水中部分的锡液柱下半段产生，然后爆炸区域向上延伸。在 33ms 时，发生新一轮爆炸，之前爆炸产生的产物下沉。

3.3.1.3 产物内部爆炸现象

图 3-27 显示了在熔融锡液柱为 600℃，下落高度为 80cm 和液柱直径为 10mm

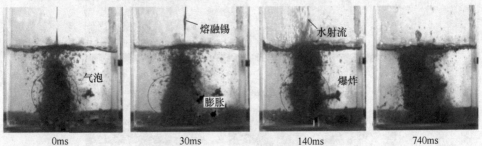

图 3-27 产物内部爆炸现象

的条件下产物内部爆炸的顺序图像。这里与上文提到的产物外部爆炸所不同的是，产物内部爆炸是熔融锡液柱的产物在水箱底部累积到一定程度后才发生的。随着高温熔融锡连续进入产物的内部区域，积聚产物的下部突然发生膨胀并爆炸。锡液柱的质量越大，爆炸越激烈。根据之前的研究我们知道，在爆炸区域中并不是熔融金属，而是蒸汽、水或两者的混合物，并且产生的微粒状和粉状产品更多。在 140ms 时，整个产物由于爆炸会有个整体向上移动的趋势，此外，在水面上还会发现许多不规则的射流，然后，有更多的粉末状产物与主体分离并漂浮在水中。值得一提的是，这种类型的爆炸会造成整个水箱的振动，并且伴有较大的声音。我们把这种从累积产物内部开始膨胀并爆炸的现象称为产物内部爆炸。与前两种现象相比，这次爆炸的程度更为剧烈。

3.3.2　不同条件对各现象的影响

3.3.2.1　熔融锡液柱的温度对相互作用的影响

本节分析了温度为 300℃、400℃、500℃ 和 600℃ 的熔融锡液柱从水面上方 40cm 处下落至冷却水中的相互作用，内管孔径均为 5mm，实验过程中没有通入惰性气体，每组实验至少重复 3 次。

A　作用过程图像及分析

图 3-28 展示了不同温度下的熔融锡液柱和 25℃ 的冷却水相互作用的过程。从图像上可以看出，当锡液温度在 600℃ 以下时，其液柱多为间断性下落，而当温度达到 600℃ 时，液柱的连续性较好，这可能是由于较高的过热度增加了液态金属的流动性。先落下的锡液柱和冷却水接触作用后，由于密度较大而沉在水底，随后不断堆积，形成"小山丘"，当堆积高度较高时，有可能占据后来下落的锡液柱和冷却水相互作用的空间，从而影响相互作用的结果。

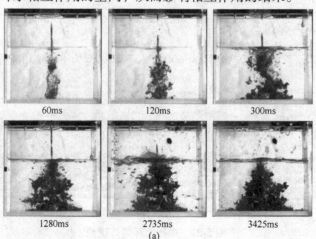

60ms　　　　　　120ms　　　　　　300ms

1280ms　　　　　2735ms　　　　　3425ms

(a)

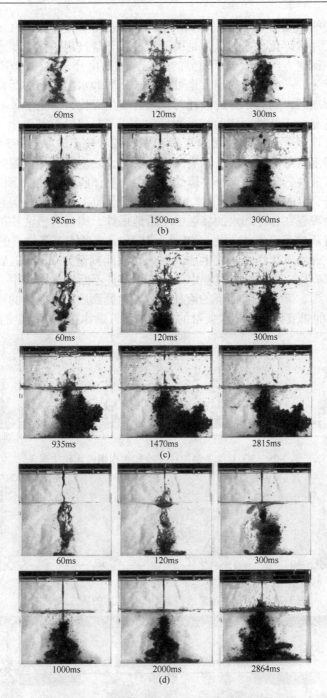

60ms　　　120ms　　　300ms

985ms　　　1500ms　　　3060ms

(b)

60ms　　　120ms　　　300ms

935ms　　　1470ms　　　2815ms

(c)

60ms　　　120ms　　　300ms

1000ms　　　2000ms　　　2864ms

(d)

图 3-28　不同温度的锡液柱与冷却水的相互作用

（a）熔融锡液柱温度 300℃；（b）熔融锡液柱温度 400℃；

（c）熔融锡液柱温度 500℃；（d）熔融锡液柱温度 600℃

　　当锡液柱的温度为 300℃ 时，有相当一部分液柱没有发生蒸汽爆炸，其中较多的是发生了片状碎化，本书认为是由于液柱在下落过程中和冷却水存在平行的相对运动，在流速方向上形成了明显的扰动，从而由开尔文-亥姆霍兹不稳定性导致了碎化行为，一些较大的碎片也可能是被金属和水之间相对运动形成的较大剪切力剥离形成的，而其中有的液柱甚至没有发生碎化，而是呈条状凝固，如图3-29 所示，这是由于液柱两侧的扰动程度较小，不足以导致其碎化。另一部分液柱则发生了蒸汽爆炸，但是其爆炸规模和影响相对较小，如图 3-30 所示，该条液柱在和冷却水接触后，中部某点突然剧烈膨胀，发生局部蒸汽爆炸，然而并没有扩展至整条液柱，其下端部分在爆炸过程中与整体脱离，随后下沉。随着锡液柱温度的上升，液柱发生蒸汽爆炸的情况逐渐增加，当锡液柱温度达到 600℃ 时，连续型的液柱在和冷却水的接触中不断地爆炸，即每当该液柱的一部分进入水中，就会有新的蒸汽爆炸发生。如图 3-31 所示，水体中部位置的锡液柱受到足够的扰动，开始迅速膨胀，发生蒸汽爆炸，以此刻记为 0ms，随后该处持续膨胀，液柱剧烈碎化，而在这个过程中始终有锡液柱不断地进入水中，从图上可以看到，在 5ms 时，新进入水面下的液柱也开始急剧膨胀，发生新的蒸汽爆炸，因此，在 600℃ 的锡液柱和冷却水接触的过程中蒸汽爆炸是连续发生的。

图 3-29　300℃ 单条锡液柱与冷却水作用的无碎化现象

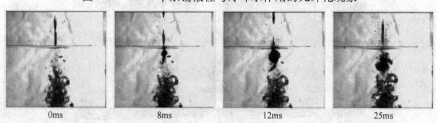

图 3-30　300℃ 单条锡液柱与冷却水作用的蒸汽爆炸现象

图 3-31　600℃ 单条锡液柱与冷却水作用的蒸汽爆炸现象

从 350g 锡液柱和冷却水相互作用的整体情况上看，当锡液柱温度为 300℃时，两者相互作用的强度相对较小，发生蒸汽爆炸的次数并不多，液柱的碎化程度也比较低，从图 3-28（a）可以看到，液柱碎化后的碎片尺寸相对较大，而堆积在水箱底部的作用产物空隙也比较明显。随着锡液柱温度的上升，相互作用的强度逐渐增加，当温度达到 600℃时，由于蒸汽爆炸的持续发生，锡液柱不断地碎化成较小的颗粒甚至是粉末，如图 3-28（d）所示，在爆炸点附近可以观察到被压力冲击波所冲击分散的微小锡颗粒，而水箱底部堆积的作用产物空隙较少。需要注意的是，在 600℃的锡液柱和冷却水相互作用的三次实验中，有两次发生了剧烈的蒸汽爆炸，这种蒸汽爆炸不同于单条液柱浸入水中后发生的局部爆炸现象。如图 3-32 所示，这种蒸汽爆炸的开始并非是液柱上某点的迅速膨胀，而是由水箱内堆积物的整体急剧膨胀作为开端，尤其是最底部的堆积物膨胀最为明显，而在爆炸的威力方面，这种蒸汽爆炸会对水箱造成一定的震动，甚至导致其一侧抬起离开台面，这是单条液柱蒸汽爆炸无法比拟的，这种爆炸伴随有沉闷的响声。

| 2820ms | 2832ms | 2846ms | 2878ms | 2960ms |

图 3-32　600℃锡液柱与冷却水作用的剧烈爆炸现象

B　产物形态及尺寸分布

熔融锡液柱和冷却水相互作用的产物有多种形态，其中颗粒状和片状碎片较多，还有少部分螺旋条状和蓬松块状的产物。而且由于金属在水箱底部堆积时可能还保持着相对较高的温度和一定的流动性，因此相互之间很容易"黏"在一起，形成体积较大的块状产物。根据对相互作用过程的观察，熔融锡液柱温度较高时，发生蒸汽爆炸的频率较高且规模较大，碎化程度也相对较高，从而更易产生尺寸较小的颗粒状产物。

为了便于分析不同工况下作用产物的尺寸分布规律，把产物按照粒径大小进行分级，Ⅰ级产物为粒径小于 2mm 的微小颗粒，Ⅱ级产物为粒径在 2~5mm 的颗粒、片状碎片和螺旋条产物，Ⅲ级产物为粒径在 5~10mm 的碎片和小蓬松块，Ⅳ级产物为粒径在 10~30mm 的蓬松块状产物，Ⅴ级产物则为粒径大于 30mm 的块状产物。图 3-33 给出了 600℃的锡液柱和冷却水相互作用后的产物分布情况，需要注意的是，虽然Ⅳ级产物和Ⅴ级产物的尺寸较大，但是并不代表它们没有发生碎化，例如蓬松状的形态正是由于两者的界面发生了瑞利-泰勒不稳定性引发的蒸汽爆炸而形成的，因此，想要更加合理地对相互作用的碎化情况进行判断，应该主要分析Ⅰ级、Ⅱ级和Ⅲ级产物的质量占比及其变化规律。

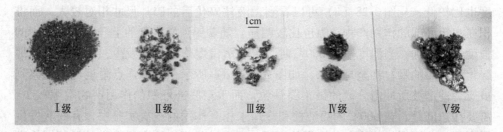

图 3-33　600℃锡液柱和冷却水相互作用产物

　　图 3-34 给出了不同温度的锡液柱从 40cm 高度处下落后和冷却水相互作用后的产物尺寸分布情况，从图中可以看到，Ⅰ级产物的质量比随着锡液柱温度的上升而增加，而Ⅲ级产物的质量比则随着锡液柱温度的上升而减少，这是因为前者产生的主要原因是瑞利-泰勒不稳定性引发的蒸汽爆炸，锡液柱温度的升高会促进蒸汽的产生，增加蒸汽爆炸强度，而后者则更多的是由开尔文-亥姆霍兹不稳定性导致的外部碎化行为所产生的。Ⅱ级产物的生成相对来说没有特定的诱因，其质量比随锡液柱温度的变化并没有明显的变化规律，总的来说，随着锡液柱温度的上升，蒸汽爆炸逐渐增强，液柱碎化的程度越高。对于Ⅴ级产物，可以看到的是其质量比随着锡液柱温度的上升而增加，这是因为温度较高的锡液柱和冷却水相互作用后沉入水箱底部时还保持着一定的温度和流动性，从而易于"黏"在一起形成较大的块状产物。在 300℃的工况下，虽然Ⅴ级产物质量比较低，但Ⅳ级产物质量比远高于其他工况，因为其"黏性"较差，不易形成体积较大的产物。

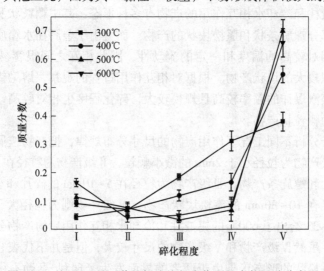

图 3-34　从 40cm 处下落的锡液柱与水作用的产物尺寸分布图

C 压力波分析

本书采用压电式压力传感器对熔融锡液柱与冷却水相互作用过程中的压力波进行测量，传感器布置于水箱侧壁面距上方水面 2cm，图 3-35 给出了几组从 40cm 高度处下落的熔融锡液柱和冷却水相互作用过程中的压力波曲线，选取的这几组压力波曲线均为同工况下峰值压力最大的。当传感器检测到的电信号达到设置的触发值时，数据采集系统开始记录，将此时刻定为 0s。为了更完善地分析压力变化情况，本书压力测量系统同时记录触发之前 0.5s 的压力波数据。可以看到，在同一组实验中，相互作用过程的压力波曲线有多个峰值，但峰值的出现及其大小并不是有规律性的，这一方面是因为熔融锡液柱在下落过程中会发生断裂，另一方面是因为蒸汽爆炸的发生具有一定的随机性，有的液柱段发生了蒸汽爆炸，而有些液柱段则没有发生，同时这些液柱段在与冷却水的相互作用过程中还存在相互干扰，比如自身的膨胀和蒸汽泡的膨胀。

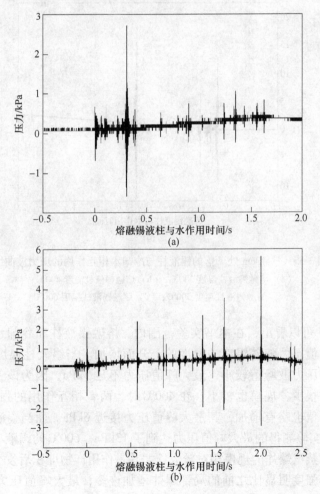

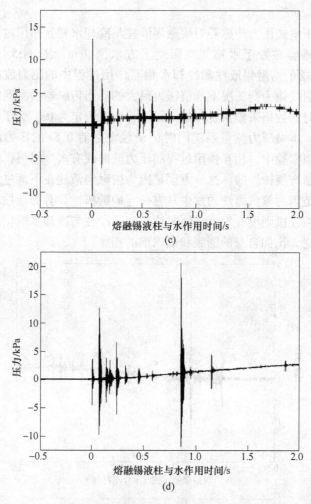

图 3-35 从 40cm 处下落的锡液柱与冷却水相互作用的压力波曲线

(a) 熔融锡液柱温度 300℃；(b) 熔融锡液柱温度 400℃；

(c) 熔融锡液柱温度 500℃；(d) 熔融锡液柱温度 600℃

从图 3-35 可以看出，在本书实验范围内，熔融锡液柱和冷却水相互作用过程中产生的峰值压力随着锡液柱温度的上升而增加。当锡液柱温度为 300℃ 时，实验检测到的压力波峰值较小，最大峰值压力不足 3kPa，因为该工况下蒸汽爆炸发生的次数很少，规模也较小。在 400℃ 时，两者相互作用的强度略有加强，各个压力波峰值也略有增加，其最大峰值压力接近 6kPa。而当锡液柱温度升高到 500℃ 时，实验测得的最大峰值压力达到了 13kPa。600℃ 的锡液柱和冷却水相互作用过程中蒸汽爆炸的规模相对较大，尤其是作用产物堆积后发生的剧烈蒸汽爆炸现象，其强度明显比之前的局部爆炸增加许多，最大峰值压力接近 20kPa。

需要注意的是，由于剧烈蒸汽爆炸是在产物堆积到一定程度后才发生，因此该压力波峰值出现的时刻相对靠后，在 600℃、40cm 工况下出现剧烈蒸汽爆炸的两次实验中，最大峰值压力出现的时刻分别为触发后的 850ms 和触发后的 2840ms。

本节实验中每组均做了 3 次，对每次实验中的最大峰值压力进行分析，可以发现它与锡液柱温度之间存在明显的规律，图 3-36 给出了 40cm 处下落的熔融锡液柱和冷却水相互作用过程中检测到的最大峰值压力。可以看到，500℃ 和 600℃ 的工况下，各次实验的最大峰值压力相差相对较大，这是由于蒸汽爆炸的规模与多种因素相关，其中的液柱连续性、扰动程度等因素具有一定的不可控性，因此，金属液柱的高温条件能在一定程度上提升蒸汽爆炸的强度，但最终的强度大小还是具有一定的随机性。对于锡液柱温度相对较低的工况，蒸汽爆炸都是局部小规模的，只要爆炸发生了，其强度都在一定范围内，一些不可控因素对其影响较小，因此各个峰值压力之间相差较少。总的来说，熔融锡液柱和冷却水相互作用过程中的最大峰值压力随着锡液温度的上升而明显增大。

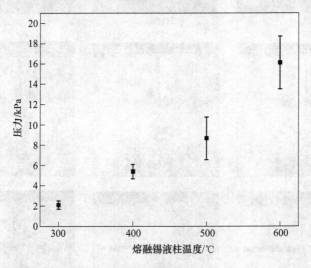

图 3-36　从 40cm 处下落的锡液柱与冷却水作用过程中蒸汽爆炸的最大峰值压力

3.3.2.2　熔融锡液柱的下落高度对相互作用的影响

本节分析了 600℃ 的锡液柱分别从 40cm、60cm、80cm 的高度下落后和冷却水发生相互作用的过程及特征，内管孔径均为 5mm，实验过程中没有通入惰性气体，每组实验至少做 3 次。

A　作用过程图像及分析

图 3-37 展示了 600℃ 的锡液柱从 60cm 和 80cm 的高度下落后和冷却水相互作用的过程，40cm 工况下的作用过程如图 3-28（d）所示。从液柱的连续性上来

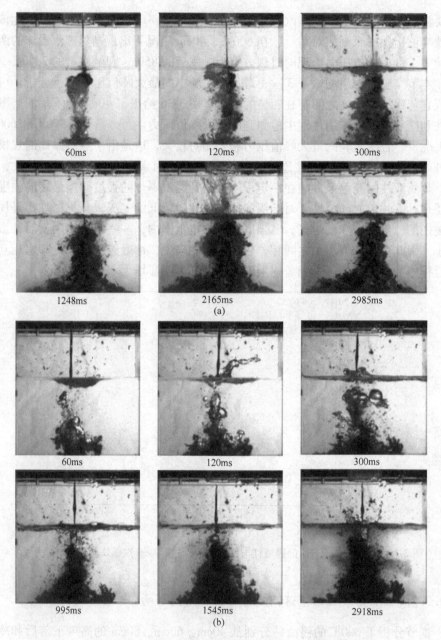

图 3-37　从不同高度下落的锡液柱与冷却水的相互作用

（a）熔融锡液柱下落高度 60cm；（b）熔融锡液柱下落高度 80cm

看，从 80cm 高度下落的液柱连续性不如其他两个工况好，出现了较多的间断，这可能是因为随着速度的增加，液柱与周围空气之间的压强差增大，液柱易断裂。从液柱的碎化过程上来看，40cm 和 60cm 液柱下落工况下随着连续的锡液柱和冷却水接触，局部蒸汽爆炸不断地发生且相互影响，而 80cm 工况下的局部蒸汽爆炸频率比前两者低且相对独立，这种变化一方面是因为流动连续性的降低，另一方面是由于冷热流体间相对速度的增加使得开尔文-亥姆霍兹不稳定性在碎化过程中的影响能力增加，从而改变了碎化方式。

在这三种工况下锡液柱和冷却水的相互作用中均发生了剧烈蒸汽爆炸现象，如图 3-28（d）的 2864ms、图 3-37（a）的 2165ms、图 3-37（b）的 1545ms 和 2918ms 所示，其中 80cm 液柱下落高度工况的一次实验中发生了两次剧烈的蒸汽爆炸。由于无法观测到堆积物内部的变化情况，因此从视频图像上难以找到剧烈蒸汽爆炸形成的直接原因。本书认为锡液柱在和冷却水相互作用的过程中，内部没有直接接触到水的锡液仍保持有较高的热能，尤其是温度较高的、没有发生局部蒸汽爆炸的液柱，随着堆积物越来越多，其内部积累的这些高热能锡液也越来越多，一旦由于内外扰动导致了冷却水和这些锡液直接接触，大量热能得以释放，迅速产生蒸汽并膨胀形成冲击波。图 3-38 展示了 80cm 液柱下落高度工况下的两次剧烈蒸汽爆炸过程，可以看到堆积物中部急剧膨胀，且液面上下落的锡液柱此时并未对膨胀区域形成直接扰动，因此剧烈蒸汽爆炸的直接诱因很可能是堆积物内部的流体运动导致了冷热流体的直接接触。总的来说，随着锡液柱下落高度的增加，入水后下落阶段所发生的堆积物内部的局部蒸汽爆炸频率降低，但是堆积物保持的热能相对较高，更容易诱发强度更大的剧烈蒸汽爆炸[11]。

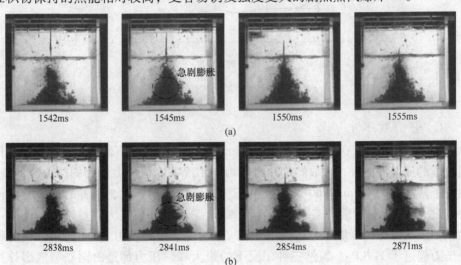

图 3-38　从 80cm 高度下落的锡液柱与冷却水相互作用的剧烈爆炸现象
（a）第一次剧烈蒸汽爆炸；（b）第二次剧烈蒸汽爆炸

B　产物形态及尺寸分布

在本书实验中，无论是何种实验工况，熔融锡液柱和冷却水相互作用的产物形态种类基本相同，如上一节所述，除了有沉积的大块状产物以外，相互作用后的产物以颗粒状和片状为主，还有一些螺旋条状和蓬松状产物。

图 3-39 给出了 600℃的锡液柱从不同高度下落后和冷却水相互作用的产物尺寸分布图。可以看出 80cm 工况下的Ⅱ级产物的占比相对其他两个工况要高，这是液柱碎化方式的改变造成的。对于Ⅰ级产物，随着下落高度的增加，其占比略有下降，然而本书认为这只能说明液柱入水过程中的碎化程度降低，并不代表整体过程的碎化程度降低，因为剧烈蒸汽爆炸后的大块产物上形成了很多蜂窝状结构，这也说明了液柱的碎化较为彻底。在Ⅳ、Ⅴ级产物方面，各工况下对应的占比差别不是很大，没有明显的变化规律。

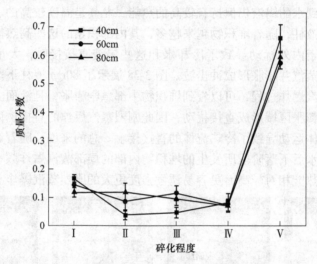

图 3-39　600℃锡液柱与冷却水作用的产物尺寸分布图

C　压力波分析

图 3-40 给出了 600℃的锡液柱从 60cm 和 80cm 的高度下落后和冷却水相互作用过程的压力波曲线，选取的这几组均为同工况下峰值压力最大的压力波曲线。液柱下落高度为 40cm 和 60cm 工况的压力波峰值差别不大，后者的最大峰值压力超过了 21kPa，比前者略有增加；而 80cm 工况的峰值压力骤然增高，其第一次剧烈蒸汽爆炸的峰值压力达到了 29kPa，液柱下落高度为 80cm 时第二次的峰值压力超过了 117kPa。虽然三种工况下的最大峰值压力都是由剧烈蒸汽爆炸产生的，但是其爆炸强度和威力显然相差了很多。本书认为下落高度的增加使开尔文-亥姆霍兹不稳定性在相互作用中的影响加大，从而降低了入水下落阶段局部蒸汽爆炸的频率，锡液柱热能没有得到充分的释放，导致堆积物积累的能量相对较高，在内外扰动下内部冷热流体的直接接触引发了强度更大的剧烈蒸汽爆炸。需要注意的是，在图 3-38 的作用过程图像上，两次剧烈爆炸发生的时间段分别

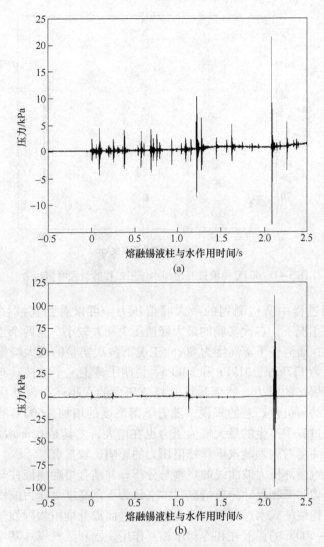

图 3-40 600℃锡液柱与冷却水相互作用的压力波曲线
（a）熔融锡液柱下落高度 60cm；（b）熔融锡液柱下落高度 80cm

在 1500ms 左右和 2800ms 左右，而图 3-40（b）的压力波曲线上两次剧烈爆炸的时间段则分别在 1100ms 左右和 2200ms 左右，存在这样的差异一方面是因为压力波曲线的 0 时刻是由传感器接受到预设的触发压力而产生的，而图像上的 0 时刻是以锡液柱初次接触水面来定义的，两者之间存在差值；另一方面是因为图像上爆炸区域开始迅速膨胀的时刻和压力传感器接收到最大电信号的时刻也是存在差值的。

本节实验中每种工况下均做了 3 次实验，图 3-41 给出了 600℃的锡液柱和冷

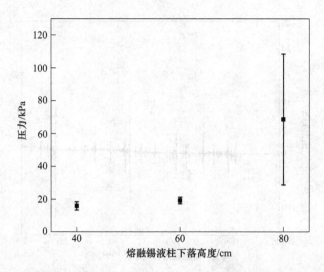

图 3-41   600℃锡液柱与冷却水作用过程的最大峰值压力

却水相互作用过程中所检测到的最大峰值压力。可以看到在液柱下落高度为
40cm 和 60cm 工况下，各次实验的最大峰值压力相差较小，且两个工况之间的差
距也相对较小；而液柱下落高度为 80cm 工况下各次实验的最大峰值压力则相差
比较大，分别为 117kPa、61kPa 和 30kPa，说明了该工况下液柱具有产生威力较
大的剧烈蒸汽爆炸的潜力，然而最终其峰值压力的大小还与内外扰动等因素有
关，具有一定的随机性。总的来说，随着下落高度的增加，600℃的锡液柱和冷
却水相互作用过程中产生的最大峰值压力也在增大，尤其是 6cm 增加到 80cm 的
过程中，下落高度对剧烈蒸汽爆炸峰值压力的影响比较显著。

通过对蒸汽爆炸压力波曲线的观察与分析，并结合熔融锡液柱与冷却水的相
互作用过程图像和产物尺寸分布情况，本书认为下落高度对压力波峰值的影响主
要是通过改变锡液柱入水过程中的碎化行为，进而提升堆积物剧烈蒸汽爆炸的强
度。对于 300～500℃的锡液柱和冷却水相互作用，剧烈蒸汽爆炸基本不发生，因
此，下落高度对压力波峰值的影响相对较小。图 3-42 所示为 300～500℃的锡液
柱和冷却水相互作用过程中检测到的最大峰值压力，可以看到在下落高度从
40cm 增加到 80cm 的过程中，300℃和 400℃工况下的最大峰值压力基本没有变
化；500℃工况下的最大峰值压力呈先下降后上升的趋势，但变化幅度较小，这
是由于下落高度的增加降低了局部蒸汽爆炸的频率，而 500℃工况下的压力波峰
值正是由局部蒸汽爆炸产生的。总的来说，在不发生剧烈蒸汽爆炸的工况中，锡
液柱的下落高度对两者相互作用过程中的压力波峰值影响相对较小。

3.3.2.3 熔融锡液柱的直径对相互作用的影响

本节对不同直径的锡液柱和冷却水相互作用的过程进行了分析，锡液柱温度

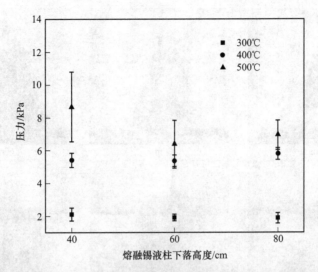

图 3-42　300~500℃锡液柱与冷却水作用过程的最大峰值压力

和下落高度均固定为 600℃ 和 80cm，内管孔径分别为 5mm、10mm 和 15mm，实验过程中没有通入惰性气体，每组实验至少做 3 次。

A　作用过程图像及分析

图 3-43 给出了内管孔径为 10mm 和 15mm 工况下锡液柱和冷却水相互作用过

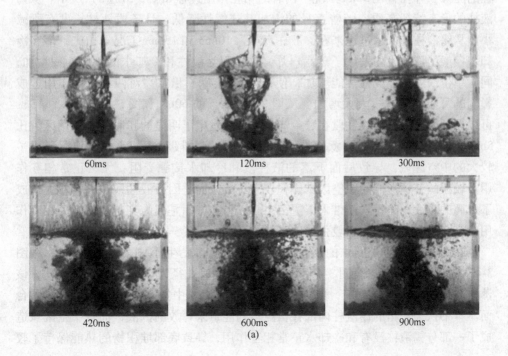

(a)

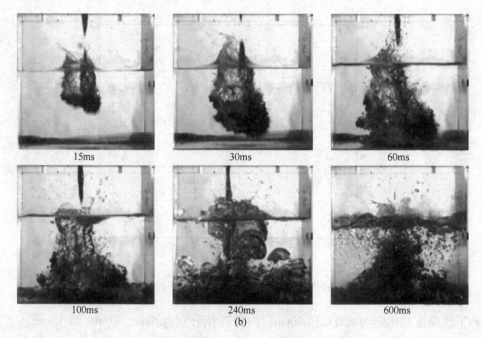

图 3-43 不同直径锡液柱与冷却水的相互作用

(a) 熔融锡液柱直径 10cm；(b) 熔融锡液柱直径 15cm

程的图像，开孔直径 5mm 工况下两者的相互作用过程如图 3-37（b）所示。从锡液柱的形态特征来看，随着直径的增加其连续性降低，且各段液柱长度有所减小。从锡液柱的入水过程来看，液柱直径为 10mm 和 15mm 工况下最先下落和冷却水接触的液柱段均发生了蒸汽爆炸，这是因为液柱和冷却水的接触面积增加，同时单位长度的锡液柱热能增加，使得瑞利-泰勒不稳定性对两者相互作用造成影响的可能性和规模大大增加。从图 3-43（a）的 60ms 和图 3-43（b）的 15ms可以看到最先下落的液柱段在和冷却水作用后发生了明显的膨胀，其作用区域比5mm 的工况要大。需要注意的是，先下落的锡液柱段和冷却水相互作用形成了较大的中空区域，导致后面下落的液柱段和冷却水接触受阻，无法正常相互作用。较粗的液柱形成的中空区域体积较大，一方面是因为液柱横截面积较大造成了水面的较大塌陷，从而带入了更多空气；另一方面是因为其与冷却水的相互作用中产生了大量蒸汽泡和较强的冲击波。

在内管孔径为 10mm 的工况中，3 次实验均发生了剧烈蒸汽爆炸，从图3-43（a）的 420ms 以及图 3-44 可以看到，与内管孔径为 5mm 的工况下相比，该蒸汽爆炸的影响范围更广，威力更加巨大，在实验中把水箱整体略微震离了台面。本书认为较粗的锡液柱内部存留更多的能量未释放的锡液，而且中空区域造成了一部分锡液柱没有和冷却水正常相互作用，导致底部堆积物的热能保持了较高的水平。然而当内管孔径增大到 15mm 时，两者的相互作用情况发生了较大改变，最先下落的锡液柱段从进入冷却水中到沉入水箱底部的过程中发生了多次蒸汽爆炸，自身不断地膨胀和解体；当其沉到水箱底部后，大量的蒸汽泡源源不断的上升，基本上占据了水箱下半部分以及后面液柱下落的空间，造成了后面下落的液柱无论在入水阶段还是沉积阶段都无法与冷却水正常相互作用，故其在整个过程中并未发生剧烈蒸汽爆炸。

图 3-44　10mm 锡液柱与冷却水相互作用的剧烈爆炸现象

B　产物尺寸分布

图 3-45 给出了内管孔径不同的工况下熔融锡液柱与冷却水相互作用产物的尺寸分布情况，可以看出内管孔径由 5mm 增加到 15mm 的过程中，Ⅰ级产物的质量占比先上升后下降，这一方面是因为在入水阶段有部分锡液柱段和冷却水相互作用发生了范围较大的局部蒸汽爆炸，产生了较多的小颗粒；另一方面剧烈蒸汽爆炸的强度增加，沉积物碎化规模较大，也产生了较多的小颗粒。对于 15mm 的工况，无论是Ⅰ级产物还是Ⅱ级产物质量占比都相对较低，这是因为该工况下和冷却水正常相互作用的锡液柱较少，而且整体没有发生剧烈蒸汽爆炸，因此其碎化程度较低。

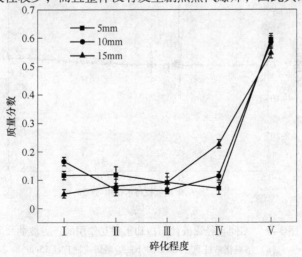

图 3-45　不同直径锡液柱与冷却水相互作用的产物尺寸分布图

C　压力波分析

图 3-46 给出了内管孔径为 10mm 和 15mm 的工况下锡液柱和冷却水相互作用过程的压力波曲线，内管孔径为 5mm 工况下的压力波曲线如图 3-40（b）所示，选取的这几组均为同工况下峰值压力最大的压力波曲线。从图 3-46（a）可以看到，从 10mm 直径的孔中流出的锡液柱经历了 3 次局部蒸汽爆炸，这与图像上观察到的情况是相符合的，先前的局部蒸汽爆炸形成了中空区域，阻碍了后面的锡液柱和冷却水相互作用；等到中空区域逐渐缩小，紧接着下落的锡液柱段入水后再次发

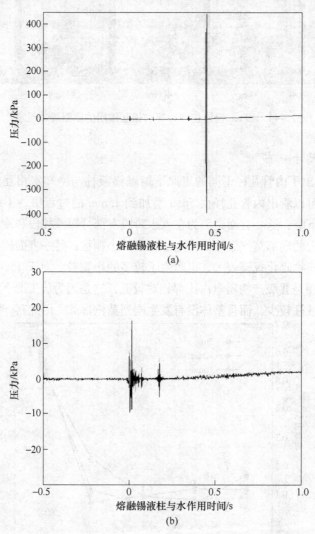

图 3-46　不同直径锡液柱与冷却水相互作用的压力波曲线

（a）熔融锡液柱直径 10cm；（b）熔融锡液柱直径 15cm

生蒸汽爆炸，因此整个过程中局部蒸汽爆炸的频率并不高；产物沉积后发生了整体剧烈蒸汽爆炸，最大峰值压力达到了446kPa，是内管孔径为5mm工况下最大峰值压力的4倍左右，这说明锡液柱的直径对剧烈蒸汽爆炸强度的影响是非常明显的。对于内管孔径15mm的工况，从图3-46（b）上可以看到，其压力波峰较少且都分布在触发后的200ms以内，最大峰值压力不到17kPa，这与图像上的情况是一致的。最先下落的锡液柱和冷却水相互作用发生局部蒸汽爆炸后产生了大量的蒸汽泡，后面下落的锡液柱无法与冷却水正常相互作用，也就无法发生蒸汽爆炸。

图3-47所示为内管孔径不同的工况下锡液柱和冷却水相互作用过程中检测到的最大峰值压力。在孔径由5mm增大到10mm时，剧烈蒸汽爆炸强度大大增加，最大峰值压力骤然上升；然而孔径增大到15mm后，锡液柱和冷却水的相互作用受到大量蒸汽泡的阻碍，最大峰值压力骤然下降。由于没有剧烈蒸汽爆炸现象的发生，内管孔径为15mm工况下的最大峰值压力小于内管孔径为5mm工况中的最大峰值压力。

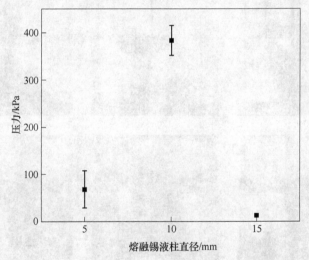

图3-47 不同直径锡液柱与冷却水相互作用最大峰值压力

3.3.2.4 气体环境对相互作用的影响

本节分析了气体环境对锡液柱和冷却水相互作用的影响，锡液柱温度为600℃，下落高度为80cm，内管孔径为10mm，从锡粒的熔化到锡液柱和冷却水相互作用的整个过程中，通过气体通道对整个装置内部持续通入高纯氮气，营造惰性气体氛围，实验进行了3次。

A 作用过程图像及分析

图3-48展示了惰性气体保护下锡液柱和冷却水相互作用的过程。从图上可

以看出液柱的连续性非常好，这说明惰性气氛中锡液柱表面形成的氧化膜很少，熔融锡液柱的流动性得到明显改善。在图示的这次实验中一共发生了3次剧烈蒸汽爆炸，最先下落的锡液柱进入冷却水中后迅速膨胀，发生局部蒸汽爆炸并形成中空区域，但是这个中空区域很快就缩小，对后面的锡液柱造成的影响较为短暂；紧接着在120ms左右，在水箱底部堆积物并不多的情况下就发生了第一次剧烈蒸汽爆炸，如图3-49所示，这次爆炸首先是由底部堆积物的急剧膨胀开始，然后沿着锡液柱向上迅速传导，造成水面下的所有锡液柱全部发生了蒸汽爆炸。本文认为，在惰性气氛中锡液柱表面形成的氧化膜很少，锡液柱和冷却水之间相互作用的阻碍在很大程度上被减弱，锡液柱碎化的阻力也被减弱，同时连续不断流下的锡液柱使得蒸汽爆炸更容易迅速传播，整体发生剧烈蒸汽爆炸的可能性大大增加。随着堆积物不断累积，在280ms左右和500ms左右，分别又发生了一次剧烈蒸汽爆炸，尤其是500ms左右的爆炸威力巨大，对水箱整体造成了较为强烈的震动。

图 3-48　惰性气体环境下锡液柱与冷却水的相互作用

图 3-49　惰性气体环境下相互作用中第一次剧烈爆炸

B 产物尺寸分布

图 3-50 给出了在不同的环境气氛中锡液柱和冷却水相互作用产物的尺寸分布情况。从图上可以看到，N_2气氛中Ⅰ级产物和Ⅲ级产物的质量分数明显提升，而Ⅴ级产物的质量分数明显降低，Ⅱ级产物和Ⅳ级产物的质量分数基本上没有变化，说明 N_2 气氛中所发生的剧烈蒸汽爆炸导致了大块状的堆积物发生了更加强烈的碎化，产生了更多的小颗粒状和小蓬松块状的产物。

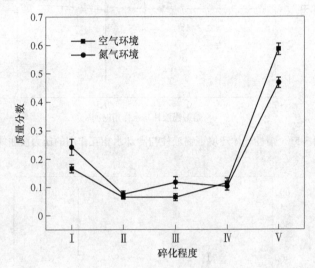

图 3-50 不同气氛环境下锡液柱与冷却水作用的产物尺寸分布图

C 压力波分析

图 3-51 展示了惰性气体环境下锡液柱和冷却水相互作用过程的压力波曲线，可以看到图上有 3 组较高的压力波峰，这与实验实物图像上所观察得到的结果是一致的。第一次剧烈蒸汽爆炸时，底部堆积物相对较少，相当一部分爆炸的能量是由正在流下的锡液柱所贡献的，热能的分布相对分散，因此爆炸形成的压力波峰值是三次之中最小的，但也超过了 150kPa；后面两次由于水面下已经堆积了大量的锡液，故爆炸形成的压力波峰值相对较高，尤其是第三次剧烈蒸汽爆炸，其最大压力峰值达到了 645kPa。总的来说，惰性气氛可以在很大程度上减弱锡液柱表面的氧化程度，从而增加锡液柱和冷却水之间相互作用的强度，使得剧烈蒸汽爆炸更容易发生，威力也更大。

图 3-52 给出了不同环境气氛下锡液柱和冷却水相互作用过程中产生的最大峰值压力。从图上可以看出，惰性气氛下的三次实验中平均最大峰值压力达到了 520kPa，最小的一次也超过了 420kPa，说明惰性气体环境对剧烈蒸汽爆炸强度的提升效果是比较明确的。

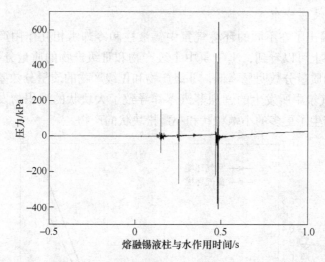

图 3-51　惰性气体环境下锡液柱与冷却水相互作用的压力波曲线

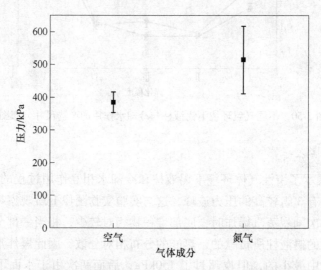

图 3-52　不同气氛环境下锡液柱与冷却水作用过程的最大峰值压力

3.3.3　各种现象形成的机理

3.3.3.1　产物外部爆炸现象形成机理

当温度为 300℃ 的熔融锡液柱进入水中之后，由于熔融锡液柱与冷却水之间的温差较小，因此熔融锡更容易冷却至锡的凝固点温度。由于熔融锡的温度较低，与冷却水作用时生成的蒸汽量较少，因此大部分熔融锡段进入水后会立即凝固，同时也会有少部分的锡液柱段会发生产物外部爆炸，且爆炸区域的面积会比更高温时的要小。

当高温锡液柱在进入水中之后，由大量蒸汽气泡聚合而成的蒸汽膜会立即覆盖在熔融锡液柱的周围，阻碍熔融锡液柱与冷却水的直接接触，如图 3-53（a）所示。随着熔融锡液柱温度的升高，熔融锡和水之间的温差增加，因此两者界面上瑞利-泰勒不稳定性[12]的程度也会增加。锡液柱在下落进入冷却水中后，会与冷却水存在一个竖直方向上的平行运动，这会让两者的界面在竖直的流速方向上形成明显的扰动，从而让锡液柱的两侧稳定性降低，也就是开尔文-亥姆霍兹不稳定性[13]。当熔融锡液柱的下落高度增加时，熔融锡液柱进入冷却水的相对速度会增加，因此界面受到的干扰以及其自身的开尔文-亥姆霍兹不稳定性都会增强。当这两种因素的扰动都达到一定的程度之后，就会导致蒸汽膜的坍塌[14]，如图 3-53（b）所示。在局部的蒸汽膜坍塌位置，高温熔融锡液柱会与水直接接触，两种流体之间的剧烈热交换会在局部产生大量蒸汽。高压蒸汽会导致熔融锡表面向里塌陷，同时会产生少量的小金属颗粒，形成一个膨胀区域。液柱表面局部的坍塌会导致周围的冷却水进入熔融金属内部，然后发生明显的蒸汽爆炸。

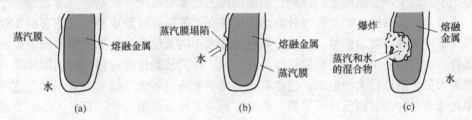

图 3-53 产物外部爆炸模型图

（a）蒸汽膜的形成；（b）蒸汽膜的局部塌陷；（c）蒸汽爆炸的产生

3.3.3.2 产物内部爆炸现象形成机理

产物内部爆炸的形成和发生跟熔融锡的温度有着直接的联系。熔融金属的黏度和表面张力对其与水的相互作用行为有重要影响，随着熔融锡温度的升高，熔融锡的黏度系数和表面张力系数会降低[15]，从而导致熔融锡的流动性增强。因此在熔融锡温度为 600℃时，液柱会连续进入冷却水中，很少发生断裂，且温度高的锡在冷却水中需要更长的时间温度才能降到凝固点。在熔融锡液柱的前端进入冷却水中并造成中空区域后，后面紧接着的连续锡液柱直接下降到水箱底部，并没有与冷却水接触，在这个过程中，这部分没有参与到产物外部爆炸的熔融锡仍然具有巨大的能量。如图 3-54 所示，随着越来越多的熔融锡积累，具有高热能的熔融锡的量增加。在内部或外部干扰下，一旦冷却水与熔融锡之间发生直接接触，大量的蒸汽就会被迅速释放出来，从而导致产物内部爆炸。

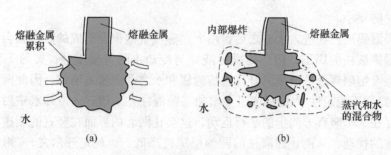

图 3-54　产物内部爆炸模型图

（a）熔融锡的积累；（b）内部爆炸的产生

3.3.4　不同条件对锡液柱遇水爆炸强度的影响

此外，本节还探讨了不同条件下熔融锡液柱遇水爆炸后产生的冲击波的能量，从冲击波能量在熔融金属的总能量中的占比来体现其遇水后发生的爆炸强度的大小。对于冲击波能量的计算，目前国际上还未形成统一的结论，这也是一个一直被争论的话题。本文通过计算熔融锡柱在水下爆炸时形成冲击波伤害的 TNT当量来计算冲击波的能量。熔融金属在冷却水中的某位置发生蒸汽爆炸时，即在爆炸点会产生一个向四周传播的压力冲击波，冲击波的传播过程会对周围环境与相关人员会造成较大的危害。已经有很多的学者通过将大量的实验数据和数值模拟相结合对冲击波超压进行研究，提出了相应的计算经验公式。其中，Cole[16]的水下爆炸冲击波超压的经验计算公式为：

$$\Delta p = \alpha \left(\frac{\sqrt[3]{\omega}}{R} \right)^{\beta} \tag{3-9}$$

式中　　Δp——冲击波超压，Pa；

　　　　R——测压点到爆炸中心的距离，m；

　　　　ω——TNT 当量，kg；

　　α, β——与炸药性能有关的经验参数，α 为 5.24×10^7，β 为 1.13[17]。

且熔融锡液柱遇水爆炸产生的冲击波能量与 TNT 当量的炸药爆炸所产生的能量（$4.184 \times 10^6 \text{J/kg}$）之间的关系为：

$$Q_1 = \omega \cdot Q_2 \tag{3-10}$$

式中　　Q_1——熔融锡液柱遇水爆炸产生的冲击波能量，J；

　　　　Q_2——TNT 当量的炸药爆炸所产生的能量，J/kg。

关于熔融金属遇水爆炸时能量转换率的问题，相关研究人员也一直在研究讨论。从理论方面来说，真实的能量转换率应该是指熔融金属遇水爆炸时产生的冲击波的总能量与参与反映了的熔融金属总能量的比值[18]。在实验过程中，柱状熔融金属在进入冷却水中时，由于相对速度较周围空气较大，周围的空气会被卷入水中阻碍熔融金属与冷却水的接触换热，加上金属前端的碎化产生的蒸汽的影响，有很多的熔融金属并不会参与到蒸汽爆炸的反应过程之中。部分金属在碎化之后就直接被冷凝了，有的在碎化之前就被冷凝了，因此只有部分熔融金属参与了蒸汽爆炸的反应。但是限于当前技术和条件的限制，国际上还没有比较好的方法能测量出实际参与了蒸汽爆炸反应的金属质量，因此比较普遍的方法还是用冲击波的总能量与所有金属的总能量的比值来表示冲击波的能量转换率，其所计算出来的能量转换率会比真实的转换率小很多。

本书也是采用将冲击波能量与熔融金属和水作用前的总能量进行比较分析。已知与冷却水作用前的熔融锡液柱的能量可以分为两类，即金属本身具有的内能和到达水面时的机械能。因为熔融锡液柱从释放到到达水面，速度的增加会让熔融锡在进入水中时具有一定的动能，假设以冷却水液面的位置为零势能点，锡液柱到冷却水液面时的速度为4m/s（本书实验中速度最大不超过4m/s），那么单位质量的熔融锡液柱到达水面时的动能为4.5J，假设锡液柱是从1m（本书实验不超过1m）高的地方释放，那么单位质量锡液柱最终所具有的势能为10J。本书实验中所使用的金属为纯度99.9%的实验级锡，其比热容为246J/（kg·K），因此，在实验过程中，当单位质量的熔融锡的温度变化为几开尔文时，其热量的变化值就能达到上千焦耳。由于熔融锡液柱在下落过程中产生的机械能远远小于其内能的变化量，在计算熔融锡液柱入水前的总能量时，机械能完全是可以忽略的，因此在考虑熔融锡液柱总能量时，只需要考虑熔融金属的内能。本书计算时假设熔融锡的最终温度与冷却水的温度一致，那么熔融锡的内能可以用下面的公式进行计算[18]：

$$Q_3 = cm(T_1 - T_0) \tag{3-11}$$

式中　　c——熔融锡的比热容，J/（kg·K）；

　　　　m——熔融锡的质量，kg；

　　　　T_0——熔融锡的初始温度，K；

　　　　T_1——熔融锡的最终温度，K。

熔融金属的总能量中转换为冲击波能量的转换率为：

$$\eta = Q_1/Q_3 \tag{3-12}$$

式中　　η——熔融金属的总能量中转换为冲击波能量的转换率。

3.3.4.1 温度对爆炸强度的影响

本书采用压电式压力传感器对熔融锡液柱遇水爆炸所产生的压力波进行测量，传感器布置于水箱侧壁面距上方水面2cm。水箱的直径为20cm，因此爆炸所产生的冲击波到传感器的距离为10cm。图3-55给出了在熔融锡液柱温度为600℃，下落高度为60cm，液柱直径为5mm时与冷却水相互作用后的压力波曲线。其余各组工况条件下均能得到相对应的压力波曲线图，从压力波曲线图中可以得到最大压力峰值和对应达到压力峰值所需的时间。需要说明的是，产物外部爆炸是熔融金属液柱在入水阶段发生的，因此在发生产物内部爆炸之前会发生多组产物外部爆炸，且在产物内部爆炸之前的压力波峰值均是由产物外部爆炸引起的。

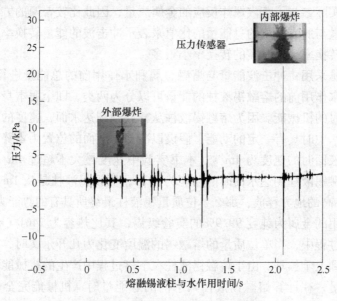

图 3-55　典型现象的压力波图像

利用测得的实验数据和上述公式得到此实验条件下的各类参数，如表 3-4 所示。

表 3-4　不同金属温度条件下所得各参数比较

实　验	1	2	3	4
熔融金属温度/℃	300	400	500	600
金属质量/kg	0.35	0.35	0.35	0.35
熔融金属直径/mm	5	5	5	5
下落高度/cm	40	40	40	40
冷却水温度/℃	25	25	25	25
熔融金属与冷却水温差/℃	275	375	475	575
峰值压力/kPa	2.90	5.80	13.00	19.50
传感器与爆炸点距离/cm	10	10	10	10
TNT 当量/kg	2.16×10^{-12}	1.36×10^{-11}	1.16×10^{-10}	3.4×10^{-10}
冲击波能量/J	9.01×10^{-6}	5.68×10^{-5}	4.84×10^{-4}	1.42×10^{-3}
总能量/kJ	23.6675	32.2875	40.8975	49.5075
能量转换率	3.81×10^{-10}	1.76×10^{-9}	1.18×10^{-8}	2.87×10^{-8}

图 3-56 和图 3-57 分别给出了不同熔融锡温度的条件下获得的压力波峰值和相应的冲击波能量以及熔融锡液柱总能量和能量转换率关系图。从图表中可以看到，当熔融锡的温度升高时，实验过程中产生的最大压力在逐渐增大。当熔融锡液柱的温度低于 600℃时，熔融锡液柱在入水后主要发生的是产物外部爆炸现象，产生的冲击波压力由 300℃时的 2.9kPa 增加到 500℃时的 13kPa。同时由于熔融锡液柱的温度的升高，熔融锡的总能量也在增大，通过对比冲击波能量的转换率可以得知，在不发生产物内部爆炸时，温度的升高会使冲击波产生的压力增加，同时能量转换率也在增大，说明温度的升高会加剧蒸汽爆炸的剧烈程度。当

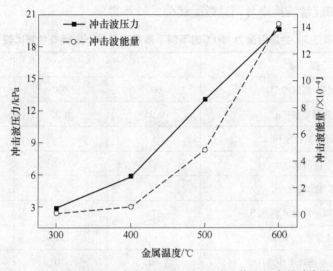

图 3-56 不同熔融锡温度的条件下获得的压力波峰值和相应的冲击波能量

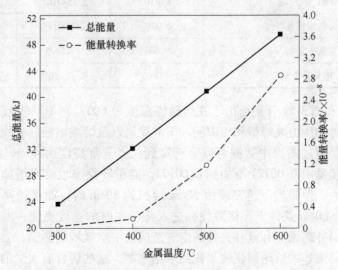

图 3-57 不同熔融锡温度的条件下金属总能量和能量转换率

温度达到600℃时，出现产物内部爆炸现象，峰值压力增加到19.5kPa，同时能量转换率也增加，说明产物内部爆炸的强度要大于产物外部爆炸强度，这与在实验过程中观察到的现象是一致的。

3.3.4.2　下落高度对爆炸强度的影响

表3-5给出了在不同熔融锡液柱下落高度条件下各个实验的参数，其中熔融金属的温度为600℃，液柱的直径为5mm，爆炸所产生的冲击波到达传感器时的距离为10cm，冷却水温度为25℃，金属质量为350g。TNT当量、冲击波能量、金属总能量和能量转换率分别通过上述公式计算得到。

表3-5　金属温度为600℃时不同下落高度条件下所得各参数比较

实　验	1	2	3
熔融金属温度/℃	600	600	600
金属质量/kg	0.35	0.35	0.35
熔融金属直径/mm	5	5	5
下落高度/cm	40	60	80
冷却水温度/℃	25	25	25
熔融金属与冷却水温差/℃	575	575	575
峰值压力/kPa	19	21	117
传感器与爆炸点距离/cm	10	10	10
TNT当量/kg	2.87×10^{-10}	3.75×10^{-10}	3.58×10^{-8}
冲击波能量/J	0.0012	0.0017	0.15
总能量/kJ	49.5075	49.5075	49.5075
能量转换率	2.43×10^{-8}	3.17×10^{-8}	3.03×10^{-6}

图3-58和图3-59分别给出了在熔融锡温度为600℃时不同锡液柱下落高度的条件下获得的压力波峰值和相应的冲击波能量以及熔融锡液柱总能量和能量转换率关系图。通过图表中数据可以分析得到，当下落高度由40cm上升到60cm时，冲击波能量由0.0012J增加到0.0017J，能量转换率也略有增加，两组实验结果相差不大；但是当下落高度由60cm增加到80cm时，能量转换率增大了近100倍，因为80cm条件下，锡液柱在进入冷却水时的速度更快，由于入水阶段时发生的产物外部爆炸和液柱夹带的空气造成的中空区域的影响，会有更多尚未发生产物外部爆炸的熔融锡快速累积到水箱底部，这些锡含有大量的热能，一旦与冷却水接触，发生的产物内部爆炸的程度就更为剧烈。

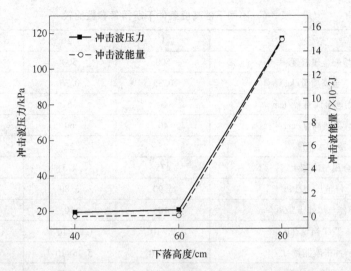

图 3-58　不同下落高度的条件下获得的压力波峰值和相应的冲击波能量

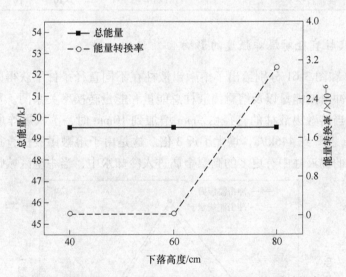

图 3-59　不同下落高度的条件下金属总能量和能量转换率

　　表 3-6 给出了在熔融锡的温度为 500℃时，锡液柱从不同高度下落进入水中的相关数据。当熔融锡的温度为 500℃，锡液柱在进入冷却水后仅发生产物外部爆炸现象。从表中数据可以得知，当锡液柱不发生产物内部爆炸时，不同高度条件下测得的压力波峰值相差很小，通过计算得出的冲击波能量和转换率都只有很微小的差距，因此可以认为，在不发生产物内部爆炸时，熔融锡的下落高度对蒸汽爆炸强度的影响不大。

表3-6 不同下落高度条件下所得各参数比较

实验	1	2	3
熔融金属温度/℃	500	500	500
金属质量/kg	0.35	0.35	0.35
熔融金属直径/mm	5	5	5
下落高度/cm	40	60	80
冷却水温度/℃	25	25	25
熔融金属与冷却水温差/℃	475	475	475
峰值压力/kPa	5.90	5.80	6.00
传感器与爆炸点距离/cm	10	10	10
TNT当量/kg	1.28×10^{-11}	1.23×10^{-11}	1.34×10^{-11}
冲击波能量/J	5.38×10^{-5}	5.15×10^{-5}	5.62×10^{-5}
总能量/kJ	40.8975	40.8975	40.8975
能量转换率	1.31×10^{-9}	1.25×10^{-9}	1.37×10^{-9}

3.3.4.3 液柱直径对爆炸强度的影响

图3-60和图3-61分别给出了熔融锡液柱在不同直径条件下获得的压力波峰值和相应的冲击波能量以及熔融锡液柱总能量和能量转换率关系图。从图中数据可以得知，当熔融锡液柱的直径由5mm增加到10mm时，蒸汽爆炸所产生的压力由117kPa上升到446kPa，增大了近3倍。这是由于熔融锡液柱直径的增大导致单位长度的锡液柱中有更多的高温金属进入冷却水中，当中空区域收缩后，更

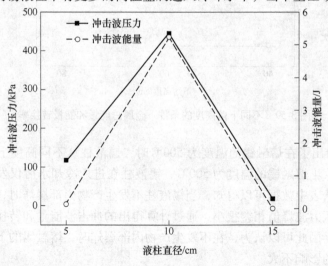

图3-60 不同液柱直径的条件下获得的压力波峰值和相应的冲击波能量

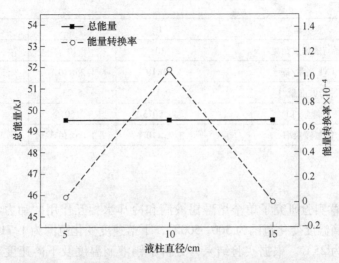

图 3-61 不同液柱直径的条件下金属总能量和能量转换率

多高温锡液柱与冷却水直接接触，造成了更剧烈的爆炸。当锡柱直径为 5mm 和 10mm 时，熔融金属遇水后会发生产物内部爆炸；而当金属直径继续扩大到 15mm 时，熔融金属在进入水中后只会在入水阶段发生产物外部爆炸，因此产生的冲击波压力会减小很多。从冲击波的能量转换率来看，由于金属的质量和温度都是一样的，因此熔融锡的总能量是不变的，当冲击波能量增大或减小时，对应的冲击波转换率也会增大或减小。总的来说，熔融锡液柱与冷却水接触造成的蒸汽爆炸的强度是随着入水直径的增大呈现先增大后减小的趋势。

表 3-7 给出了在不同液柱直径条件下各个实验的相关参数，其中熔融金属的温度为 600℃，液柱的下落高度为 80cm，爆炸所产生的冲击波到达传感器时的距离为 10cm，冷却水温度为 25℃，金属质量为 350g。TNT 当量、冲击波能量、金属总能量和能量转换率分别通过上述公式计算得到。

表 3-7 不同熔融金属直径条件下所得各参数比较

实 验	1	2	3
熔融金属温度/℃	600	600	600
金属质量/kg	0.35	0.35	0.35
熔融金属直径/mm	5	10	15
下落高度/cm	80	80	80
冷却水温度/℃	25	25	25
熔融金属与冷却水温差/℃	575	575	575
峰值压力/kPa	117	446	17

实　验	1	2	3
传感器与爆炸点距离/cm	10	10	10
TNT 当量/kg	3.58×10^{-6}	1.25×10^{-6}	3.14×10^{-10}
冲击波能量/J	0.15	5.23	0.0009
总能量/kJ	49.5075	49.5075	49.5075
能量转换率	3.03×10^{-6}	1.06×10^{-4}	1.81×10^{-8}

3.4　小结

（1）本章实验研究了单个熔融锡液滴和冷却水相互作用的动力学特性，在实验中锡液滴温度变化范围为 300~500℃，下落速度变化范围为 1.71~4.17m/s，冷却水温度为 25℃。根据实验结果，分析了锡液滴温度及下落速度对两者相互作用现象的影响规律，并讨论了各工况下两者的相互作用机理。

首先，在实验中观察到了四种典型实验现象，无碎化现象、片状展开现象、片状碎化现象以及颗粒状碎化现象，结合拍摄的图像以及实验产物，定性地比较了各类现象之间的差别，并绘制了各工况下主导现象的统计图。在本实验工况下，锡液滴下落速度较低时（1.71m/s、2.42m/s），随着温度的升高，相互作用由无碎化现象转变为颗粒状碎化现象；当锡液滴下落速度较高时（2.96~4.17m/s），随着温度的升高，相互作用由片状展开现象转变为片状碎化现象。

然后，从传热学和流体力学的角度对两者相互作用的机理进行了探究。高温锡液滴进入冷却水中后，界面由于水的蒸发而迅速形成一层蒸汽膜，蒸汽膜的稳定性对于液滴的碎化起到了关键作用。不同的作用机制导致了不同的作用现象，高速度工况下，破坏蒸汽膜稳定性的主要因素是开尔文-亥姆霍兹不稳定性；而在低速高温工况下，瑞利-泰勒不稳定性则是影响蒸汽膜稳定性的主要因素[19]。

（2）本章实验研究了熔融锡液柱和冷却水相互作用的动力学特性，选取了锡液柱温度、下落高度、液柱直径和环境气氛作为变量，从实验过程图像、压力波曲线以及作用产物的尺寸分布三个方面分析了各个因素对相互作用的影响。

发现了三种现象，即不爆炸现象、产物外部爆炸现象和产物内部爆炸现象。不同现象的发生最主要是由熔融锡液柱的温度和直径决定的，熔融锡液柱的下落高度影响较小。

在温度为 300℃时，由于液柱的不连续性，不同的液柱段会随机发生不爆炸现象和产物外部爆炸现象，其中产物外部爆炸为主要现象。当温度升到 500℃时，锡液柱在入水后只会发生产物外部爆炸现象。当温度上升到 600℃时，锡液柱在入水时会发生产物外部爆炸现象，并且随着锡液柱在水箱底部的积累，会发生爆炸强度较大的产物内部爆炸现象。

当熔融锡温度低于600℃，实验中不会发生产物内部爆炸现象，熔融锡的下落高度对爆炸强度的影响较小，在熔融锡温度为600℃的实验中会发生产物内部爆炸现象，熔融锡的下落高度的增加会加大蒸汽爆炸的强度。

首先把液柱下落高度固定为40cm，在300~600℃的范围内改变锡液柱温度，发现锡液柱温度的升高会促进蒸汽爆炸的发生，尤其是剧烈蒸汽爆炸，从而增加相互作用的强度。然后固定锡液柱温度为600℃，在液柱下落高度为40cm至60cm的范围内，发现下落高度的增加会改变液柱的碎化方式，从而提高剧烈蒸汽爆炸的强度。随后把锡液柱温度固定在600℃，下落高度固定为80cm，在5~15mm的范围内改变内管的开孔直径，从而实现对锡液柱直径的改变，研究发现熔融锡液柱的孔径增大到10mm会极大地增加剧烈蒸汽爆炸的强度；然而孔径增大到15mm后，由于产生蒸汽的量过大，阻碍了锡液柱和冷却水之间的正常相互作用，因此剧烈蒸汽爆炸难以发生。最后，针对锡液温度600℃，下落高度80cm，内管孔径为10mm的工况，对实验装置持续通入高纯氮气，通过惰性气氛来减弱锡液表面的氧化作用，发现剧烈蒸汽爆炸更容易发生，而且爆炸强度和威力得到提升。

参 考 文 献

[1] Xu M J, Wang C J, Lu S X, et al. Water droplet impacting on burning or unburned liquid pool [J]. Experimental Thermal and Fluid Science, 2017, 85: 313~321.

[2] Movahednejad E, Ommi F, Hosseinalipour S M. Prediction of Droplet Size and Velocity Distribution in Droplet Formation Region of Liquid Spray [J]. Entropy, 2010, 12 (6): 1484~1498.

[3] Wang Q, Shen Z H, Wang J T, et al. The interaction between single droplet of molten tin and cooling water: Effects of tin droplet temperature and falling height [J]. Annals of Nuclear Energy, 2019, 126: 169~177.

[4] Kim B, Corradini M L. Modeling of Small-Scale Single Droplet Fuel/Coolant Interactions [J]. Nuclear Science and Engineering, 1988, 98 (1): 16~28.

[5] Patel P D, Theofanous T G. Hydrodynamic fragmentation of drops [J]. Journal of Fluid Mechanics, 1981, 103 (1): 207~223.

[6] Sutera S P, Mehrjardi M H. Deformation and fragmentation of human red blood cells in turbulent shear flow. [J]. Biophysical Journal, 1975, 15 (1): 1~10.

[7] Pilch M, Erdan C A. Use of breakup time data and velocity history data to predict the maximum size of stable fragments for acceleration-induced breakup of a liquid drop [J]. International Journal of Multiphase Flow, 1987, 13 (6): 741~757.

[8] Ciccarelli G, Frost D L. Fragmentation mechanisms based on single drop steam explosion experiments using flash X-ray radiography [J]. Nuclear Engineering and Design, 1994, 146 (1):

109~132.

[9] 李晶，王晓强，柯家骏，等．熔融锡、铋及其二元合金的表面张力 [C]. 2006 年全国冶金物理化学学术会议．2006：202~205.

[10] Nogi K, Ogino K, Mclean A, et al. The temperature coefficient of the surface tension of pure liquid metals [J]. Metallurgical and Materials Transactions B, 1986, 17 (1)：163~170.

[11] 王骞．低熔点熔融金属液滴/液柱与水作用动力学特性研究 [D]．合肥：合肥工业大学，2019.

[12] Kull H J. Theory of the Rayleigh-Taylor instability [J]. Physics Reports, 1991, 206 (5)：197~325.

[13] Kolev N I. Fragmentation and coalescence dynamics in multiphase flows [J]. Experimental Thermal and Fluid Science, 1993, 6 (3)：211~251.

[14] 李天舒．低温熔融金属蒸汽爆炸理论与实验研究 [D]．上海：上海交通大学，2008.

[15] Brandes E A, Brook G B. Smithells Metals Reference Book [M]. Oxford：Butterworth-Heinemann, 1992.

[16] Cole R H, Weller R. Underwater Explosions [J]. Physics Today, 1948, 1 (6)：35.

[17] Manallon D. Status and prospects of resolution of the vapour explosion issue in light water reactors [J]. Nuclear Engineering and Technology, 2009, 41 (5)：603~616.

[18] 汪江涛．低熔点熔融金属液柱遇水演变规律研究 [D]．合肥：合肥工业大学，2020.

[19] Wang C X, Wang C J, Chen B, et al. Fragmentation regimes during the thermal interaction between molten tin droplet and cooling water [J]. International Journal of Heat and Mass Transfer, 2021, 166：120782.

4 水滴撞击熔融锡液动力学行为

4.1 实验装置和实验方案

为了研究水滴撞击熔融金属后两者的相互作用过程，探索水滴韦伯数（水滴下落高度、水滴直径）、熔融金属温度及厚度、熔融金属种类、熔融金属表面氧化程度对两者相互作用过程的影响，本书设计并搭建了一个小尺度的可视化实验装置，并对实验材料、实验仪器、实验参数以及实验方案进行了详细的介绍。

4.1.1 实验装置

图 4-1 为实验装置示意图[1]，主要包括滴水系统、加热系统和拍摄记录系统。

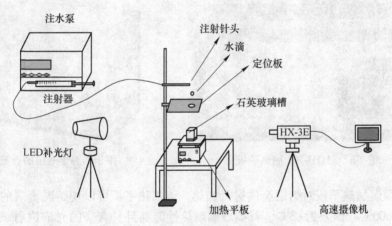

图 4-1 水滴撞击熔融锡液实验装置示意图

（1）滴水系统由注水泵（内含注射器）、不同口径的滴水导管、升降支架组成，如图 4-2 所示。注水泵可以调节注射器推动的速度，使得水在导管中流动，并在水自身表面张力的作用下于针头部分汇聚成单一的水滴，最终水滴在自身重力的作用下从针头上脱落并自由向下运动。滴水导管的出水端固定升降支架上，通过控制支架上的滑轮可以调节滴水口和熔融金属表面的距离。

（2）加热系统主要由加热平板、石英玻璃槽组成，分别如图 4-3 和图 4-4 所示。为了探索熔融金属温度变化对两者相互作用过程的影响，实验采用型号为 XMTD-702

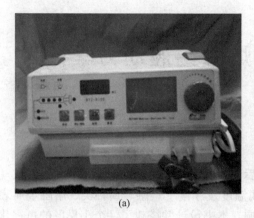

(a)　　　　　　　　　　　　　　　(b)

图 4-2　注水部分实验仪器

（a）注水泵；（b）不同口径的导管

图 4-3　XMTD-702 加热平板　　　图 4-4　用于加热熔融锡的石英玻璃槽

的数显恒温加热平板对熔融金属进行加热。该加热平板可以使熔融金属的最高温度达到 600℃，误差为±3℃。石英玻璃耐热性能高且具有高的光谱透射、不会因辐射线损伤等特点，所以在本实验中采用石英玻璃槽盛放熔融金属以进行加热，其尺寸设置为 100mm×100mm×100mm，厚度为 5mm。

（3）如前文所述，本实验的拍摄记录系统也由 NAC-HX-3E 高速摄像机、补光灯和电脑构成。由于水滴撞击熔融金属的动态过程持续的时间非常短，且相互作用中发生蒸汽爆炸后伴随着许多细微的水滴和熔融金属颗粒的溅射。故为了能够拍摄记录到清晰的实验图像，实验中将高速相机的帧速设置为 2000Hz/s，分辨率设置为 1280×960。同时，为了提高实验图像的清晰度，在高速相机工作的同时需辅以补光，本书所采用的补光装置为功率可调节的 LED 补光灯。

4.1.2 实验材料

本书采用水滴和两种低熔点的金属（锡、铅）材料为研究对象。在实验中水滴的温度恒定为 25℃，但在水滴接近熔融金属表面的过程中水滴的温度会发生一定程度的改变，故水滴的物理性质也发生一定的改变，比如水的密度和表面张力会随着温度的升高而降低。在水的密度随温度变化表中查出，水的密度在温度为 25℃时为 1.02kg/m³，在 90℃时为 0.96kg/m³。在水的表面张力随温度变化表中查出，水的表面张力在 25℃时为 0.0719N/m，在 90℃时为 0.059N/m。因此，由于实验中单一的水滴质量很小，水滴密度和表面张力随温度的微小改变不足以对两者之间的相互作用产生影响，所以在本文中水滴的物理性质可视为不变，如表 4-1 所示。

表 4-1 水滴的物理性质

液滴种类	温度/℃	沸点/℃	密度/kg·m⁻³	表面张力/N·m⁻¹
水	25	100	1.02	0.0719

如表 4-2 所示，锡和铅两种金属具有低熔点、高沸点和不与水发生反应的特点，比较适合用来研究水滴撞击熔融金属的相互作用过程。

表 4-2 金属锡和铅的物理性质

金属种类	熔点/℃	沸点/℃	是否溶于水	与水是否反应
锡	231.89	2260	微溶	不反应
铅	327.5	1749	不溶于水	不反应

4.1.3 实验方案

（1）水滴的韦伯数是影响水滴撞击熔融金属相互作用过程的重要因素之一，可用来分析水滴与熔融金属之间界面动力学特征和揭示两者相互作用的变化规律。水滴的韦伯数大小可由以下公式计算[2,3]：

$$We = \frac{\rho v^2 D}{\sigma} \tag{4-1}$$

式中　We——水滴的韦伯数；

　　　ρ——水滴的密度，kg/m³；

　　　v——水滴的下落速度，m/s；

　　　D——水滴的直径，m；

　　　σ——水滴的表面张力，N/m。

由式（4-1）可见水滴的韦伯数主要与水滴的密度、表面张力及撞击速度有关。本书中水滴温度恒定为 25℃，水滴的密度为 $1.02kg/m^3$，水滴的表面张力为 $0.072N/m$。因此，本书主要从水滴的直径和水滴撞击熔融金属的速度两方面分析水滴韦伯数对两者相互作用过程的影响。水滴的直径可以通过高速摄像机所记录的图像测得，水滴在向下运动的过程中会发生变形，为了保证测得的水滴直径准确可靠，对水滴的横向直径和纵向直径进行测量，计算方法见图 3-12 和公式（3-1）。

水滴撞击速度是水滴撞击熔融金属表面时的瞬时速度，本书用水滴在接触熔融金属表面前 1ms 内运动位移 L 的平均速度作为上述瞬时速度[4,5]。为了确保实验的准确性，对同一工况的水滴直径和水滴撞击速度进行多次测量和计算，求取平均值。

为了探索水滴韦伯数对两者相互作用过程的影响，本书采用了改变水滴下落高度和水滴直径两种方式。第一个方式：固定水滴直径为 5mm，水滴的下落高度设置为 10~90cm，高度间隔为 10cm。通过上述方法将水滴的下落高度转换成韦伯数，水滴撞击熔融金属表面的速度为 $1.125~3.651m/s$，韦伯数为 84~925，如图 4-5 所示。

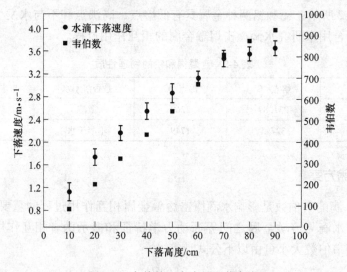

图 4-5　韦伯数和水滴的下落高度

第二个方式：固定水滴的下落高度为 50cm，水滴的直径分别设置为 5mm、6mm、7mm、7.8mm 和 10.2mm。需要指出的是，本书所研究的水滴直径相对较小，故其在下落过程中受到的阻力可以忽略。当水滴下落高度为 50cm 时，对不同水滴直径情况下的水滴撞击速度进行测量并求得平均值，以此将水滴的撞击速度设定为 2.86m/s，由此计算得水滴的韦伯数为 544~965，如图 4-6 所示。

（2）在保持水滴温度为 25℃ 的条件下，改变熔融金属的温度。为了研究熔

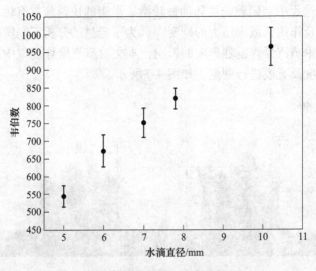

图 4-6 韦伯数和水滴直径

融金属温度对两者相互作用过程的影响，在保持其他条件不变的情况下，本书通过加热平板来改变熔融金属的温度。在水滴撞击熔融锡的实验中，熔融锡温度被设定为 360~440℃，温度间隔为 20℃。

（3）熔融金属的厚度同样也影响两者相互作用过程。当熔融金属的厚度较小时，水滴穿过熔融金属表层后会继续向下运动，在这个过程中水滴可能会与石英槽底壁发生碰撞。当熔融金属厚度较大时，水滴穿过熔融金属表层后无法与石英槽底壁发生接触。水滴在穿过熔融金属表层后能否与石英槽底壁发生碰撞同样也会影响两者的相互作用过程，即熔融金属厚度的改变会影响两者的相互作用过程。本书共设定了 5 种熔融金属液厚度，分别为 10mm、15mm、20mm、25mm和 30mm。

（4）熔融金属表面氧化程度对相互作用过程的影响。本实验在开放性空间中进行，而熔融金属暴露在空气中时十分容易被氧化，从而在表面形成一层氧化层[6]。熔融金属表面的氧化程度可用氧化层的厚度表征，而氧化层的厚度会随着时间的改变而发生变化。在本书的实验研究中设定了三种氧化时间，分别为 0min、3min 和 6min。0min 表示熔融金属表面的氧化层被清除后，立即释放水滴，使之撞击熔融金属。3min 和 6min 表示熔融金属的氧化膜被清除后分别再过 3min或 6min，然后释放水滴使之撞击覆盖有氧化层的熔融金属表面。

4.1.4 实验参数

（1）最大王冠高度 H_1 及宽度 W。当水滴的韦伯数较大或熔融金属的温度较高时，水滴撞击熔融金属后两者易发生剧烈的相互作用过程，即蒸汽爆炸现象[7]。在这个过程中伴随着能量和动量转换、水滴的快速蒸发汽化、水滴和熔融金属的碎化以及作用区域内压力的剧变[8]。为了定量的分析不同实验变量对两者相互作用过程中蒸汽爆炸剧烈程度的影响，本文对蒸汽爆炸现象中所出现的王冠结构的最大高度及宽度进行测量，如图 4-7 所示。

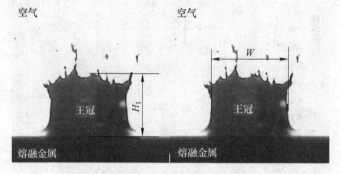

图 4-7　最大王冠高度 H_1 及宽度 W

（2）最大液柱高度 H_2。王冠结构收缩消失后，作用区域中心会形成射流现象，如图 4-8 所示。最大射流液柱高度同样也是水滴撞击熔融金属实验研究中的重要参数之一。本书通过对射流的形成和发展过程进行观测，并测量射流的最大高度，以此定量地分析水滴与熔融金属相互作用过程中蒸汽爆炸的剧烈程度。

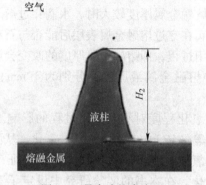

图 4-8　最大液柱高度 H_2

4.1.5　实验步骤

为了确保实验结果的准确性，在实验开始前，应对实验条件和实验装置进行一系列的调整。

（1）确保实验环境相对恒定。确保水滴的温度恒定在 25℃，且实验室处于无风条件，以确保水滴垂直下落。

（2）对注水系统进行调整。连通注水部分并调节注水泵推动注射器的速度，使得单个水滴在导管出口处凝聚，并最终在自身重力的作用下自由下落；更换口径不同的导管，以调整水滴直径的大小，并始终保持导管出口处于水平状态；调节升降支架，使得滴水导管出口与正下方熔融金属表面的距离满足工况条件。本着单一变量原则，注水泵推动注射器的速度一旦确定，将不再变化。

（3）对加热系统进行调整。水滴的落点确定后，确定石英玻璃槽的摆放位置以确保水滴落于该槽的中心位置。采用热电偶实时监测熔融金属的温度，当其温度稳定在设置温度后才可进行实验。

（4）对拍摄记录系统进行调整。其他实验系统的准备就绪后，调节高速摄像机的位置、焦距以及补光灯的强度，使得石英槽清晰的呈现在电脑屏幕上。正式实验开始前需要进行预实验，确保记录的数据准确可靠。

4.2 水滴撞击熔融锡动力学特性研究

本节主要针对水滴撞击熔融锡的相互作用过程进行研究，描述实验中出现的典型实验现象，解释各种现象形成和发展机理，绘制不同实验条件下的相图并总结发生蒸汽爆炸的临界条件，揭示不同实验因素对相互作用过程的影响规律。

4.2.1 典型实验现象

水滴在距离熔融锡表面一定高度处以初速度 0m/s 自由落下。水滴在接触熔融金属的瞬间，在两者巨大的温差作用下，水滴发生膜态沸腾，故水滴和熔融金属锡表面之间形成一层蒸汽膜。蒸汽膜的热导率极低，且阻碍了水滴与熔融锡的直接接触，故大幅度降低了两者之间的换热。同时蒸汽膜具有一定的稳定性，其稳定性会受到水滴冲击力、熔融金属的温度等条件的影响。蒸汽膜的塌陷与否直接影响水滴与熔融锡两者之间的相互作用类型。根据实验记录的相关图像可以将实验现象划分为三类典型现象：水滴破碎现象、气泡现象、王冠现象[1]。

4.2.1.1 水滴破碎现象

图 4-9 表示水滴韦伯数为 87、熔融锡温度和厚度分别为 380℃ 和 20mm 且表面无氧化层条件下，水滴撞击熔融锡后的水滴破碎现象。将水滴与熔融金属表面刚接触的时刻记为 0ms，水滴撞击熔融锡表面 2ms 时，可以清晰的观察到熔融锡表面在水滴冲击力的作用下发生凹陷，水滴随着熔融锡表面向下运动。在这个过程中，水滴的一部分发生变形，由球形变为圆饼形，水滴的另一部分碎化成若干的子液滴。在 13ms 时，熔融锡凹坑开始收缩，同时凹坑内水滴被反弹，碎化的子液滴向上呈放射状飞溅。水滴的初始冲击力决定着子液滴的溅射程度，其冲击力较大时甚至会有子液滴溅射到石英槽壁上或者石英槽外面。在 35ms 时，熔融

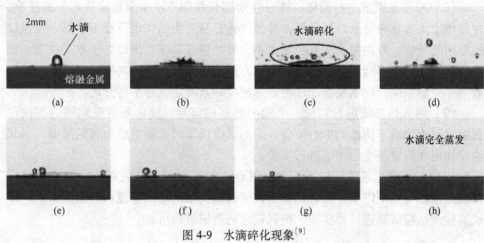

图 4-9   水滴碎化现象[9]

(a) 0ms；(b) 2ms；(c) 13ms；(d) 35ms；(e) 50ms；
(f) 78ms；(g) 108ms；(h) 130ms

锡表面恢复为水平状态，发生形变的水滴在表面张力的作用下开始恢复为球形，而其他子液滴散落到熔融锡表面。之后，水滴与熔融金属继续进行热交换，水滴不断蒸发，直到130ms后，水滴完全蒸发，熔融锡表面平静下来。可以推测出整个过程水滴与熔融锡表面始终存在着蒸汽膜，这就意味着水滴与熔融锡表面始终没有直接接触。需要指出的是，在上述实验条件下水滴的整个蒸发过程持续了130ms，而在实际情况中，水滴在熔融锡表面的蒸发时间具有很大的随机性，即使在相同的实验条件下，水滴的蒸发时间仍然存在着巨大的差异。这是因为水滴在接触熔融锡表面后的变形量，以及之后水滴的碎化程度的不同都会导致两者之间的接触面积的不同，从而影响水滴的蒸发速率。

4.2.1.2   气泡现象

随着水滴韦伯数的增大，水滴所具有的冲击力也增大，弹坑的深度也随之增大。与水滴破碎现象相同的是，水滴撞击熔融锡表面2ms时，水滴发生破碎和飞溅，部分水滴挤压熔融锡表面形成弹坑，且弹坑在深度达到最大后开始收缩。根据之前学者的研究[10]，弹坑侧面和底部的收缩具有先后顺序，当弹坑开始收缩时，其上侧面最先开始向内流动，此时弹坑的最底端则暂时停留在它原来的位置上；当弹坑侧壁收缩过程进行一段时间后，弹坑的底端才会开始收缩。所以，当弹坑深度较浅小，弹坑内的水滴会在弹坑上端完全收缩之前被弹出水平面以上；而当弹坑的深度达到一定程度时，极有可能会发生弹坑上端完全收缩而弹坑的底端仍然处于收缩过程中的情形。此时，水滴会被滞留在熔融锡表层下，从而形成了一个包含水滴的空腔。这个过程时间非常短，大约只持续 2~3ms，如图 4-10

所示。之后空腔内的水滴继续受热蒸发汽化，使得空腔内的压力不断升高。空腔上端的一层熔融锡在自身表面张力的作用下未发生破裂，而是在空腔内蒸汽压力的作用下向上隆起，从而形成一个气泡状结构[11]。随着水滴不断蒸发，空腔内的压力不断增大，气泡的尺寸随着增大，如图 4-10（b）~（d）所示。在 61ms 时，气泡尺寸达到最大。气泡达到最大后，熔融锡的表面张力不足以支持气泡内的压力，气泡破裂释放内部的压力，气泡也随之变小，如图 4-10（d）~（f）所示。气泡收缩的过程中，气泡上的裂缝会在表面张力的作用下再次收缩。在 85ms 时，气泡上的裂缝合并，从而再次形成一个密闭的空间。类似于上述过程，气泡会再次增大，并在 108ms 时，达到第二个峰值。之后，气泡再次裂开，气泡尺寸不断收缩减小，直到 200ms 时气泡彻底消失，熔融锡表面恢复平静。

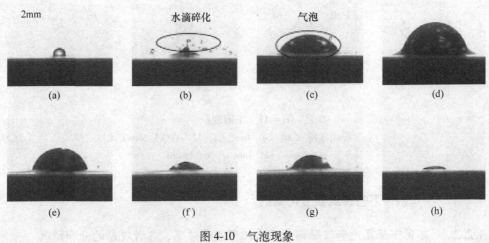

图 4-10 气泡现象

（a）0ms；（b）2ms；（c）33ms；（d）61ms；（e）75ms；
（f）85ms；（g）108ms；（h）200ms

4.2.1.3 王冠现象

随着水滴韦伯数的增大或者熔融锡温度的升高，水滴所具有的冲击力增大，对汽膜扰动作用增强，导致汽膜不能保持稳定状态而发生局部塌陷。水滴与熔融锡直接接触后两者之间的传热加剧，水滴受热快速蒸发汽化，因此作用区域发生爆炸性的沸腾现象，压力急剧增大，即发生了蒸汽爆炸现象。如图 4-11（b）所示，在水滴与熔融锡接触 2ms 时，部分水滴炸裂为非常微小的颗粒，并向四周呈放射性飞溅。同时，在蒸汽爆炸所产生的压力冲击波影响下，熔融锡表面同样会飞溅出许多微小的颗粒并呈现放射状向四周扩散。这个过程相对比较剧烈并伴随着响声。随着相互作用过程的继续进行，在熔融锡表面会形成上宽下窄的王冠结构，如图 4-11（c）所示。王冠的高度和宽度不断增加，在 12ms 时王冠的高度达到最大,且王冠的上下端宽度接近相等,如图 4-11(d)所示。之后,王冠整体结构在自身重力的作用下开始下降,王冠的上端会向内收缩,而下端继续向外扩张,形成上窄下宽的王冠结构,如图 4-11(e)所示。随后,在作用区域的中心出现射流现象,且在过程进行到 106ms 时液柱的高度达到最大。最终,该射流液柱同样也会在自身重力的作用下开始发生坍塌,如图 4-11(g)所示。

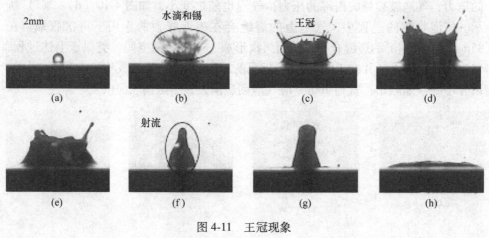

图 4-11　王冠现象

(a) 0ms; (b) 2ms; (c) 4ms; (d) 12ms; (e) 36ms;

(f) 64ms; (g) 106ms; (h) 164ms

4.2.2　不同条件下各种现象分布情况

4.2.2.1　不同下落高度和熔融锡表面氧化程度条件下,各种现象的分布情况

表 4-3~表 4-5 给出了不同的水滴下落高度和熔融锡表面的氧化程度条件下,上述三种典型现象的分布情况。我们可以发现即使在相同水滴下落高度和熔融金属表面氧化程度下,现象分布也具有一定的随机性。比如,在熔融金属表面无氧化层且水滴韦伯数为 84 时,水滴破碎现象出现 1 次,王冠现象出现 9 次;而水滴韦伯数变为 321 时则出现了三种现象。通过对下列数据的统计,我们得出水滴破碎现象、气泡现象和王冠现象分别占总体的 7%、3% 和 90%。这里我们认为,现象随机性可以归因于蒸汽膜的稳定性。由于水滴和熔融锡之间具有较大的温差,故当两者相互接触后,水滴与熔融锡表面之间会形成一层蒸汽膜。当韦伯数较小时,水滴的冲击力不足以导致蒸汽膜的局部塌陷,故两者相互作用过程中液滴破裂现象占据主导地位。韦伯数增大将会导致实验现象的改变,例如若水滴韦伯数足够大,则水滴具有足够的能量来对蒸汽膜造成扰动,并使其失去稳定性而发生塌陷,从而导致了相互作用过程中只有王冠现象可以被观察到。

我们还发现随着熔融锡被氧化时间的增加,水滴破碎现象发生的概率随之增加，同时王冠现象发生的概率减小。例如，在熔融锡表面无氧化层时，当水滴韦伯数大于 667 后，两者接触后未有水滴破碎现象产生，只有王冠现象可以被观察到；而在熔融锡表面被氧化 6min 后，只有水滴韦伯数大于 875 时王冠现象才会占据主导地位。

表 4-3　表面氧化 0min 时的现象分布

韦伯数	84	201	321	434	544	667	803	875	925
水滴破碎现象	1	0	1	2	2	0	0	0	0
气泡现象	0	0	2	0	1	0	0	0	0
王冠现象	9	10	7	8	7	10	10	10	10

表 4-4　表面氧化 3min 时的现象分布

韦伯数	84	201	321	434	544	667	803	875	925
水滴破碎现象	2	2	0	0	1	0	0	0	0
气泡现象	1	0	1	1	1	0	0	0	0
王冠现象	7	10	9	9	8	10	10	10	10

表 4-5　表面氧化 6min 时的现象分布

韦伯数	84	201	321	434	544	667	803	875	925
水滴破碎现象	2	2	1	2	1	1	1	0	0
气泡现象	0	7	0	1	1	0	0	0	0
王冠现象	8	7	9	7	8	9	9	10	10

4.2.2.2　不同熔融锡温度和熔融锡厚度条件下，各种现象的分布情况

为了研究熔融锡温度及厚度对水滴撞击熔融锡后两者相互作用过程的影响，本书设置了 5 个熔融锡温度：360℃、380℃、400℃、420℃和 440℃，5 个熔融锡厚度：10mm、15mm、20mm、25mm 和 30mm。根据高速摄像机所记录的图像数据，将不同熔融锡温度及厚度条件下三种现象的分布情况进行统计，如图 4-12 所示。图 4-12 中共有三种区域：无蒸汽爆炸区域（熔融锡温度为 360℃，熔融锡厚度为 15～30mm），在这个区域内只有液滴破碎一种典型实验现象；过渡区域（熔融锡温度为 360～380℃，熔融锡厚度为 20～30mm），在这个区域内同时存在三种典型实验现象。熔融锡温度为 360℃且厚度为 20～30mm 时，相互作用过程可观察到水滴破碎现象或气泡现象。熔融锡温度为 380℃、厚度为 20～30mm 时，相互作用过程中会出现气泡现象或王冠现象；蒸汽爆炸区域，在这个区域内只有王冠现象产生。总体来看，在所研究的变量范围内，我们可以得到以下

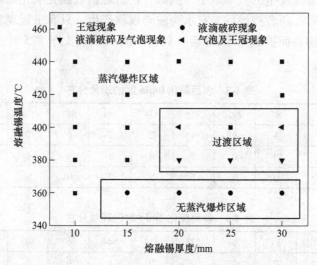

图 4-12　水滴撞击不同温度及厚度的熔融锡液面实验结果

规律：

（1）改变熔融锡的温度会改变相互作用过程中典型实验现象的类型。比如，在熔融锡厚度为 20mm 的条件下，当熔融锡的温度为 360℃时，两者相互作用后只有水滴破碎现象产生；当熔融锡的温度升高至 380℃时，水滴破碎现象和气泡现象都会发生；当熔融锡的温度到达 400℃后，相互作用过程中可以观察到气泡现象和王冠现象；当熔融锡的温度为 400℃及以上时，只有王冠现象产生。

（2）改变熔融锡的厚度会改变相互作用过程中典型实验现象的类型。例如，在熔融锡温度为 380℃时，且熔融锡的厚度为 10～15mm 时，两者相互作用类型为王冠现象；当熔融锡的厚度为 20～30mm 时，在两者的相互作用过程中，水滴破碎现象和气泡现象都可以被观察到。

4.2.3　各种现象形成机理

4.2.3.1　水滴破碎现象形成机理

当水滴的韦伯数较小时，水滴对蒸汽膜所具有的冲击力较小，故蒸汽膜较为稳定。因此水滴接触熔融锡表面后未发生蒸汽爆炸现象，只有水滴破碎现象发生。水滴在接触熔融锡表面后会受到挤压，发生形变，如图 4-13（b）所示。水滴在下端中部开始受到挤压后变的扁平，之后水滴在水平方向上向四周扩展。在垂直方向上，水滴的中部继续向下凹陷，而同时水滴的两边开始向上翘起。最终，当水滴的形变量达到最大后，水滴会破碎成若干个子液滴。

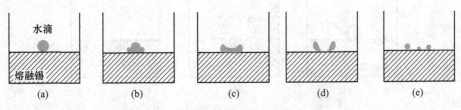

图 4-13 水滴破碎现象形成和发展过程

4.2.3.2 气泡现象形成机理

当水滴的韦伯数较大但水滴的冲击力依然不足以造成蒸汽膜的塌陷时，水滴的冲击力会推动汽膜和熔融锡表面向下运动，故作用区域中间的熔融锡向下凹陷形成弹坑，且弹坑四周的熔融锡会向上隆起，如图 4-14（b）所示。由于在这一过程中蒸汽膜并未发生塌陷，故水滴与熔融锡之间无直接接触发生，蒸汽爆炸现象无法被触发，使得作用区域内的熔融锡在水平方向上受到的推动力较小。同时，从水滴自身所具有的动量来看，水滴在垂直方向的冲击力要远大于水平方向上所受到的冲击力，这就意味着，水滴对熔融锡在垂直方向上的做功更多。在上述两个原因的共同作用下，弹坑在水平方向上的横向直径较小。当弹坑所受到的推动力为零后，弹坑的横向直径在惯性力的作用下继续扩大并在极短的时间内达到最大值。之后在熔融锡表面张力的作用下，弹坑上端侧壁上的熔融锡最先开始收缩，在垂直方向上，当水滴的速度变为零时弹坑的深度也达到了最大值。由于水滴在垂直方向具有较大的冲击力，所以水滴在垂直方向上的运动时间相对较长。在这种情况下，极容易造成水滴尚未浮出熔融锡表面，而弹坑的上端已经收缩合并的情形，从而把水滴封闭在熔融锡内部，形成了一个包含水滴的空腔，如图 4-14（c）所示。空腔内的水滴会继续与熔融锡进行换热，空腔内的水蒸气不断积累，导致其内部的压力不断升高，从而使空腔壁向四周逐渐扩展。值得指出的是，空腔的扩展必然会推动周围的熔融锡，空腔壁上的熔融锡在压力作用下的运动遵守动量守恒。如图 4-14（d）所示，在水平方向上，空腔壁上的熔融锡获得向外的动量，同时气泡壁上的熔融锡获得向内部运动的动量；在垂直方向上，空腔壁在自身重力的作用下获得向下运动的动量，气泡壁在压力作用下获得向上运动的动量；在自身表面张力的作用下，空腔壁上端的熔融锡薄层具有良好的延展性，为气泡的形成和发展提供了基础。当空腔和气泡内的蒸汽压力超过气泡壁自身表面张力所能承受的范围，气泡壁上会破裂出一个或多个裂缝，内部的水蒸气从这些裂缝中被释放。然后空腔内的蒸汽压力逐渐减小，使得气泡的尺寸也逐渐减小，如图 4-14（e）所示。最终，水滴完全蒸发汽化，气泡消失。

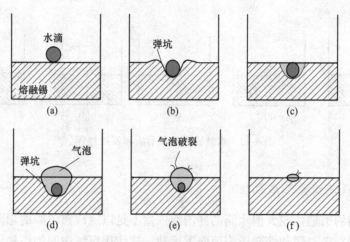

图 4-14　气泡现象形成和发展过程

4.2.3.3　王冠现象形成机理

　　王冠结构的形成和发展过程伴随着能量的转换，所以在之前学者研究的基础上[12]，本书通过动量守恒来分析王冠结构的形成机理。首先，水滴以速度 v_1 撞击熔融锡表面，将能量传递给熔融锡。在垂直方向上，为了保持动量守恒，熔融锡得到一个向上的速度 v_2，从而使受到冲击的熔融锡向上移动；在水平方向上，熔融锡会受到水滴挤压和蒸汽爆炸冲击波的作用，从而得到向外的速度 v_3，导致了王冠结构的形成，如图 4-15（a）所示。随着水滴将能量不断的传递给熔融锡以及蒸汽爆炸所产生的压力不断增大，王冠的尺寸也逐渐增大。应该注意的是[13]，当水滴向下运动的速度 v_1 为 0 以及向外运动的速度 v_3 为 0 时，王冠的尺寸会在超压的作用下继续增大，并最终达到一个最大值。之后，王冠结构开始发生收缩，如图 4-15（b）所示。在垂直方向上，王冠整体结构在自身重力的作用下开始向下运动，速度为 v_7。正如文献［14］所提到的一样，王冠结构会像肥皂泡

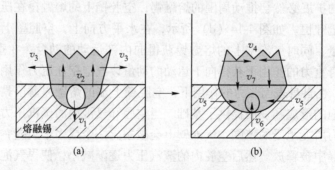

图 4-15　王冠现象形成和塌陷过程

一样受表面张力的影响而导致其向内的逐渐收缩。同时，王冠结构的上部要比下部更薄，故王冠的上部更容易发生向内收缩，所以王冠结构的上、下两部分均获得了向内运动的速度 v_4 和 v_5，而且前者大于后者，这导致了王冠在下降过程中呈现上窄下宽的现象。最终，王冠结构消失。

同时，为了研究王冠结构随时间的变化趋势，我们将熔融锡表面无氧化膜时，三种不同水滴韦伯数条件下王冠结构高度随时间的变化绘制在图4-16中。水滴刚接触熔融锡表面的时刻记录为 0 时刻，在蒸汽爆炸的作用下，作用区域内的压力瞬间增大，导致王冠的高度在刚开始增加的十分迅速，并在 9~15ms 内达到最大。之后，作用区域内的压力不断向外界释放，王冠开始收缩，并在 30~45ms 之内逐渐消失，熔融锡表面恢复平静。

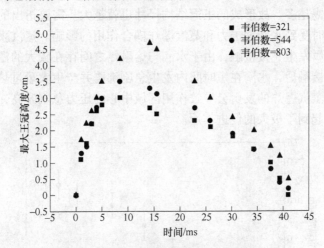

图 4-16　王冠高度随时间的变化趋势

4.2.4　韦伯数对水滴撞击熔融锡相互作用过程的影响

本书通过分别改变水滴的下落高度和水滴直径大小来研究水滴韦伯数对水滴撞击熔融锡后两者相互作用过程的影响。

4.2.4.1　水滴下落高度对水滴撞击熔融锡后两者相互作用过程的影响

水滴的撞击速度是影响水滴韦伯数的重要因素之一，本节通过改变水滴下落高度从而改变水滴撞击熔融锡的速度，以研究其对两者相互作用过程的影响。在保持其他条件（水滴温度为25℃、熔融锡温度为380℃、锡熔融厚度为2mm）稳定的情况下，开展了直径为5mm的单个液滴以不同的下落高度撞击熔融锡的实验研究，水滴下落高度设置为 10~90cm，高度间隔为10mm。水滴的下落高度的改变会导致两者相互作用类型改变。当水滴下落高度较小时，两者相互作用类型为水滴破碎现象。随着水滴下落高度的增加，两者相互作用类型逐渐转化为气泡现象，最终在水滴韦伯数足够大时相互作用类型变为王冠现象。从图 4-17 可以看出，随着水滴韦伯数的增大，王冠结构的最大高度也随之增大，也就是说两者相互作用过程中的蒸汽爆炸剧烈程度增大。上述现象的解释如下：

　　水滴接触熔融锡后被迅速地蒸发汽化，故两者之间形成了一层蒸汽膜。蒸汽膜具有一定的稳定性并会阻碍水滴与熔融金属的直接接触，因此水滴的快速蒸发也被抑制。需要指出的是蒸汽膜的稳定性会受到水滴冲击力的影响。因此，当水滴的下落高度较小时，水滴所具有的冲击力不足以破坏蒸汽膜的完整性，此时只有水滴破碎现象产生。随着水滴下落高度的逐渐增加，蒸汽膜将无法保持稳定状态而开始发生局部塌陷。且水滴冲击力越大，熔融锡表面所形成的弹坑越深，被推动出的熔融锡越多，故形成的王冠结构尺寸也就越大。需要指出的是王冠结构尺寸的大小同时受到水滴冲击力和蒸汽爆炸耦合作用的影响。蒸汽膜的塌陷使得水滴与熔融金属发生直接接触，由于水滴与熔融锡之间存在较大的温差，所以在水滴与熔融锡接触后，水滴在短时间内发生急剧沸腾并产生大量过热蒸汽，即蒸汽爆炸现象。蒸汽爆炸的发生会导致作用区域中心的压力急剧升高，对王冠的形成和发展过程起到了极大的促进作用。

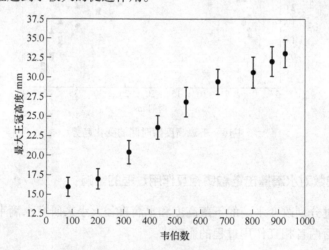

图 4-17　王冠的最大高度随韦伯数（水滴下落高度）的变化关系

　　值得指出的是，水滴以一定的速度撞击熔融锡会使得蒸汽膜界面的两侧存在相对速度差，这种相对速度差会破坏蒸汽膜的稳定性，从而造成蒸汽膜的局部塌陷，即开尔文-亥姆霍兹不稳定性。同时，蒸汽膜开尔文-亥姆霍兹不稳定性的临界波长可以表示为[15]：

$$\lambda_{KH} = \frac{2\pi\gamma_m(\rho_m + \rho_v)}{\Delta v_{mv}^2 \rho_m \rho_v} \qquad (4-2)$$

式中 λ_{KH}——开尔文-亥姆霍兹不稳定性的临界波长，m；

γ_m——熔融锡的表面张力，N/m；

ρ_m——熔融锡的密度，kg/m^3；

ρ_v——汽膜的密度，kg/m^3；

Δv_{mv}——水滴与熔融金属之间的速度差，m/s。

此外，λ_{KH} 的值越小，汽膜的稳定性越差，汽膜越容易塌陷[15]。本实验中，水滴温度和熔融锡温度都不变的情况下，水滴的表面张力、熔融锡的密度以及汽膜的密度都保持不变，可视为常数，因此 λ_{KH} 值的大小只与水滴与熔融锡之间的相对速度有关且呈现负相关关系。水滴下落高度的增加使得水滴与熔融金属之间的速度差增大，故 λ_{KH} 值减小，即汽膜越容易塌陷，从而导致水滴和熔融锡的相互作用中更容易出现蒸汽爆炸现象。

4.2.4.2 水滴大小对水滴撞击熔融锡相互作用过程的影响

水滴的直径大小同样影响着其韦伯数，为了探索水滴的大小对两者相互作用过程的影响，本书在保持其他条件（水滴温度为25℃、熔融锡温度为380℃、熔融锡厚度为2mm）稳定的情况下，开展了水滴下落高度为50cm的单个水滴，以不同的直径撞击熔融锡的实验。主要设置了 5 个水滴直径：5mm、6mm、7mm、7.8mm 和10.2mm。首先需要指出的是，水滴直径的改变会影响水滴撞击熔融锡的速度。因此，我们对不同水滴直径条件下水滴的撞击速度进行统计，水滴大小的变化对水滴撞击熔融锡的速度影响非常小，故其对两者相互作用过程的影响可以忽略，所以在本章节的研究中将水滴撞击熔融锡表面的速度设定为 2.84m/s。在图 4-18 中我们可以看出，当水滴韦伯数为 544~965 时，随着水滴直径的增大，王冠的最大高度也随之增大。水滴的重力势能随着其直径的增大而增加，故水滴对蒸汽膜的冲击力增大，使得蒸汽膜更加容易发生局部塌陷。同时水滴与熔融锡发生直接接触时的接触面积越大，且蒸汽爆炸中产生的蒸汽压力冲击波越大。因此，两者相互作用中蒸汽爆炸的剧烈程度增大。其次，从能量守恒的角度出发，水滴直径的增大使得水滴对熔融锡的冲击力增大。因此，随着水滴直径的增大，王冠的最大高度也随之增大。

此外，我们可以得出不论改变水滴的下落高度或者是水滴直径，只要最终水滴的韦伯数相同，其对水滴撞击熔融锡的相互作用过程影响的程度是等效的。如表 4-6 所示，在水滴直径为 6mm 和水滴下落高度为 50cm 时，水滴韦伯数为 672，此时王冠的最大高度为 28mm；当水滴直径为 5mm 和水滴下落高度为 60cm 时，水滴的韦伯数为 667，此时王冠的最大高度为 29.4mm。因此，两者之间差异是在误差许可范围之内的。

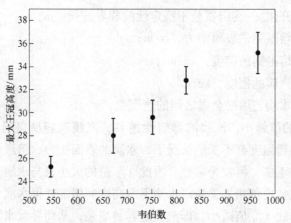

图 4-18　王冠的最大高度随韦伯数（水滴直径）的变化关系

表 4-6　两种韦伯数相近时最大王冠高度的对比

水滴直径/mm	水滴下落高度/cm	韦伯数	最大王冠高度/mm
6	50	672	28
5	60	667	29.4

4.2.5　熔融锡温度对水滴撞击熔融锡相互作用过程的影响

熔融金属与水滴之间的温差是影响两者相互作用过程的重要因素。改变两者之间温差的方式有两种：

（1）改变水滴的温度。在本书中，保证其他条件（熔融锡温度为 380℃、熔融锡厚度为 2mm、水滴直径为 5mm 和水滴下落高度为 50cm）稳定的情况下，将水滴的温度分别设定为 25℃、30℃、35℃、40℃和 70℃，以研究水滴的温度对两者相互作用过程的影响。图 4-19 展示了不同水滴温度条件下王冠结构的最大高度，可以看出在水滴温度 25～70℃的变化范围内，王冠的最大高度始终保持在 25mm 左右。所以我们认为水滴温度对水滴撞击熔融锡相互作用过程的影响非常小，可以忽略不计。此外在之前学者的研究中，我们得到了相同的结论。张政铭[16]将水滴撞击熔融锡表面实验中的熔融锡温度保持在 330℃，将水滴温度分别设置为 40℃、50℃、60℃、70℃和 80℃，并也同样发现水滴的温度对两者相互作用过程没有显著的影响。而 Gao[17]则提出当过冷水滴撞击熔融金属表面后，传热过程主要发生在水滴与熔融金属表面之间，这导致两者之间的蒸汽膜相对较厚，从而降低了蒸汽爆炸的发生几率和两者相互作用过程的剧烈程度。对于上述结论解释如下：由于本实验中单个水滴的质量非常小，故改变水滴的温度对水滴内能的变化影响不大，即水滴和熔融锡换热量的变化极小。因此在两者相互作用的蒸汽爆炸现象中，作用区域内的蒸汽压力变化速率基本一致，故改变水滴温度并不会对实验结果造成显著的影响。

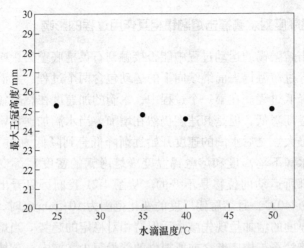

图 4-19　王冠的最大高度随水滴温度的变化关系

（2）改变熔融锡的温度。在保持其他条件（水滴温度为 25℃、水滴直径 50mm、水滴下落高度 50cm）不变的情况下，将熔融锡温度分别设置为 360℃、380℃、400℃、420℃和 440℃。如图 4-20 所示，当熔融锡温度在 360～440℃内时，王冠的最大高度随着熔融锡的温度升高而增大，即两者相互作用过程中蒸汽爆炸的剧烈程度随熔融锡温度的升高而增大。上述规律解释如下：水滴与熔融锡之间的直接接触传热会被两者之间的蒸汽膜所抑制，而当两者之间的蒸汽膜发生局部塌陷后，水滴与熔融锡发生直接接触换热触发蒸汽爆炸现象。此时，熔融锡温度的升高会增大水滴与熔融锡两者之间的换热量，导致蒸汽爆炸的剧烈程度增大，故作用区域内瞬间产生的蒸汽压力增大，从而使王冠结构的最大高度增大。

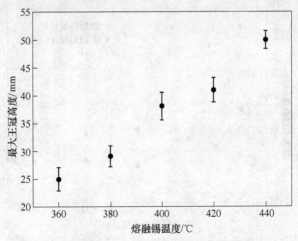

图 4-20　王冠的最大高度随熔融锡温度的变化关系

4.2.6　熔融锡厚度对水滴撞击熔融锡相互作用过程的影响

水滴在撞击熔融锡的运动过程中能否接触到石英槽底壁会影响两者的相互作用过程。水滴穿过熔融锡表面继续向下的运动包含两个过程：水滴加速度降低过程和水滴速度降低过程。在第一个过程中，水滴的加速度在熔融锡的黏性力及摩擦力的作用下逐渐降低，但是其速度仍然在增加。当水滴加速度降低为 0 时，水滴的速度达到最大。之后水滴的速度开始逐渐降低直到降低为 0。也就是说在保持水滴大小、水滴下落高度和熔融锡温度（熔融锡的密度）不变的情况下，水滴在熔融锡内部所运动的位移是不变的。从图 4-21 我们可以看出，当熔融锡的温度为 400℃ 或 440℃，且熔融锡厚度的变化范围为 10~30mm 时，王冠的最大高度随着熔融锡厚度的增加呈现先减小后保持相对稳定的趋势。当熔融锡的厚度较小时，水滴在接触石英槽底壁之前所损失的能量很少，撞击石英槽底壁的速度相对较大，故水滴在接触石英槽底壁后发生剧烈的形变，致使水滴破碎成较多的子液滴，从而增加了水滴与熔融锡之间的接触面积。因此，蒸汽爆炸也相对较为剧烈，故王冠的最大高度较大。随着熔融锡厚度的增加，水滴撞击石英槽底壁的速度减小，导致水滴形变量随之减小。且可以推测，当熔融锡的厚度为 20mm 左右时，水滴恰好能够接触到石英槽底壁。此时水滴的速度恰好为 0，故水滴可以始终保持一个整体而不发生碎化，故蒸汽爆炸的剧烈程度相对较低，王冠的最大高度也相对较低。此后，水滴始终无法与石英底壁发生接触而发生碎化，即相互作用过程中蒸汽爆炸所产生的蒸汽压力基本保持一致。如图 4-21 所示，当熔融锡厚度为 20~30mm 时，王冠的最大高度几乎不随着熔融锡厚度的改变而发生变化。

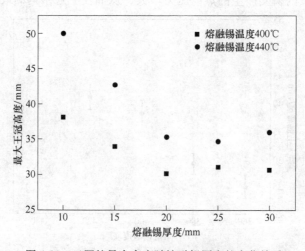

图 4-21　王冠的最大高度随熔融锡厚度的变化关系

4.2.7 熔融锡表面氧化程度对水滴撞击熔融锡相互作用过程的影响

熔融锡在被加热的过程中极易被空气氧化，从而在表面形成一层氧化锡层。氧化锡的熔点较高，同时其密度小于熔融锡的密度。因此，锡氧化层总是漂浮在熔融锡的表面，此氧化层阻碍了水滴与熔融锡的直接接触。需要指出的是，该氧化层的厚度在氧化初始阶段增加较快，之后由于氧化层阻碍了氧气与熔融锡的直接接触，导致了氧化反应速度的逐渐降低，最终氧化层的厚度会达到一个极限值。为了探索熔融锡表面氧化程度对两者相互作用过程的影响，实验在保持其他条件（水滴直径为5mm、水滴下落高度为50cm、熔融锡的温度为380℃）不变的情况下，设置了三种不同的熔融锡氧化层厚度，分别以0min、3min和6min表示。0min表示熔融锡表面无氧化层，即实验中会在清除熔融锡表面的氧化层后立即释放水滴，使之撞击熔融锡表面；3min表示在清除熔融锡表面的氧化层后，将熔融锡在空气中暴露3min，使熔融锡表面的氧化层达到一定的厚度，但并没有达到氧化层厚度的极限值；6min表示在清除熔融锡表面的氧化层后，将熔融锡在空气中暴露6min，此时认为氧化层的厚度随着时间的推移并不会再有明显的增加，即氧化层厚度达到极限值。然后分别对三种不同熔融锡表面氧化程度时相同下落高度的水滴撞击熔融锡的实验进行研究，对此我们得出的结论如下。

在先前的关于熔融锡表面氧化程度对两者相互作用过程的实验研究中，我们得出熔融锡表面所存在的氧化层会降低蒸汽爆炸的发生几率。当熔融锡表面存在氧化层时，氧化层阻碍了水滴与熔融的直接接触。并且随着氧化时间的增加，熔融锡表面氧化层的厚度不断增大。而氧化层会阻止水滴与熔融锡的直接接触，从而抑制两者的直接换热，因此熔融锡表面氧化层的存在会降低两者相互作用过程中蒸汽爆炸的发生几率。

此外当水滴撞击熔融锡表面时，蒸汽膜与熔融锡之间的密度差会使两者交界面的稳定性降低，从而使蒸汽膜发生局部塌陷。这种不稳定性即为瑞利-泰勒不稳定性[18]，且瑞利-泰勒不稳定性的临界波长可表示为[19]：

$$\lambda_{RT} = 2\pi \sqrt{\frac{3\gamma_m}{(\rho_m - \rho_v)g}} \tag{4-3}$$

式中　λ_{RT}——瑞利-泰勒不稳定性临界波长，m；

　　　γ_m——熔融金属柱的表面张力，N/m；

　　　ρ_m——熔融金属柱的密度，kg/m³；

　　　ρ_v——冷却水的密度，kg/m³；

　　　g——熔融金属下落的加速度，其值取决于多个平衡力的综合效应，m/s²。

在唯一变量是熔融锡表面氧化程度的条件下，ρ_m、ρ_v和g都保持不变，可视为定值。因此λ_{RT}值只与熔融锡的表面张力有关，且成正相关关系。且对于瑞利-泰勒不稳定性来说，蒸汽膜要保持稳定的状态需要其实际不稳定性波长高于其临界波长，$\lambda \geqslant \lambda_{RT}$ [20]。已知当熔融锡表面生成氧化层后，其表面张力会因氧化层的存在而增大，故此时实际的瑞利-泰勒不稳定性波长增大并可能超过了临界值波长。因此，蒸汽膜的稳定性较强，更不容易发生局部塌陷从而触发蒸汽爆炸现象的发生。

如图 4-22 所示，熔融锡表面氧化层的厚度越大，则两者相互作用过程中所发生的蒸汽爆炸更加剧烈。比如在水滴韦伯数为 201 时，王冠的最大高度在熔融锡表面无氧化膜时为 17mm；在熔融锡表面被氧化 3min 后为 19mm；在熔融锡表面被氧化 6min 后为 22mm。综合来看，氧化层会降低蒸汽爆炸的发生几率，但是一旦发生了蒸汽爆炸，其剧烈程度会随着氧化层厚度的增加而增大。

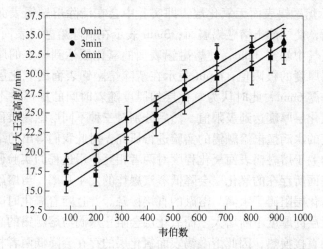

图 4-22　王冠最大高度随水滴韦伯数和熔融锡表面氧化程度的变化规律

水滴在撞击熔融锡表面后，两者的相互作用过程中会发生镶嵌行为[1]。水滴在撞击表面存在氧化层的熔融锡的过程中，由于氧化锡具有很大的表面张力，会对水滴继续向下的运动行为造成很大的阻碍作用，故水滴的运动速度骤减。此外，水滴的直径远大于氧化层的厚度，很容易造成水滴镶嵌在熔融锡表面的氧化层中，如图 4-23 所示。水滴的下端穿过了熔融锡表面的氧化层，与内部的熔融锡发生直接接触，并被迅速蒸发汽化。同时水滴的中间部分与氧化层厚度相同，水滴的这一部分与氧化层接触后同样会被蒸发汽化[21]。但是由于氧化层只漂浮

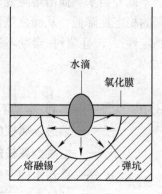

图 4-23　镶嵌模型

在熔融锡表面，缺乏热流运动，故相对于熔融锡的温度低，这意味着水滴中间部

分被蒸发汽化的速度较慢。水滴的上端没有和氧化层发生直接接触而是暴露在空气中，故只能依靠辐射传热而被蒸发汽化。所以相比于水滴的其他两部分，水滴上端的蒸发汽化速度非常缓慢。因此，有可能会出现水滴的下端已经产生了大量的蒸汽压力，而水滴的其他两部分仍然以液态形式存在的情况。固态氧化层具有很高的表面张力，故不易遭到下端蒸汽压力的破坏而发生破碎。此时，水滴下端所产生的蒸汽无法被自由地释放到外界，从而导致氧化层下形成一个内部蒸汽压力较大的空腔。当水滴继续被蒸发汽化，空腔内的蒸汽压力也在不断升高，当其超过氧化层的表面张力后，空腔内的蒸汽压力会被瞬间释放从而产生巨大的压力冲击波。被瞬间释放的蒸汽压力冲击波作用于熔融锡表面，形成了王冠结构。同时，熔融锡表面的氧化层越厚，其下方空腔内所能够聚集的蒸汽压力越多，所以当空腔内的蒸汽被释放后，更强的蒸汽压力冲击波导致熔融锡表面所形成的最大王冠高度越大。

4.3　小结

本章主要研究了水滴撞击熔融锡表面后两者相互作用的实验现象及其潜在的规律和机理。通过改变实验中水滴的韦伯数，熔融锡的温度、厚度和熔融锡表面的氧化程度等参数，研究这些参数对两者相互作用过程的影响规律。首先，对实验中所出现的典型实验现象进行划分，总结各种典型实验现象的形成和发展机理。同时绘制不同实验参数下各种典型现象的分布图，并分析相互作用过程中发生蒸汽爆炸的临界条件。主要得出以下结论：

（1）实验中共发现了三种典型实验现象，分别是水滴破碎现象、气泡现象和王冠现象。

（2）水滴韦伯数和熔融锡温度的改变会影响两者相互作用中蒸汽爆炸的剧烈程度。水滴韦伯数越大、熔融锡的温度越高，两者相互作用过程中所发生的蒸汽爆炸现象越剧烈。

（3）熔融锡厚度的改变会影响两者相互作用中蒸汽爆炸的剧烈程度。随着熔融锡厚度的增加，两者相互作用过程中蒸汽爆炸现象的剧烈程度呈现先降低后保持稳定的趋势。

（4）熔融锡的表面所生成的氧化层会降低两者相互作用中蒸汽爆炸的发生概率。但是一旦蒸汽爆炸现象被触发，其剧烈程度会随着熔融锡表面氧化层厚度的增加而增大。

参 考 文 献

[1] Lin D, Wang C J, Chen B, et al. Effect of the oxidation surface on dynamic behavior of water

droplet impacting on the molten tin [J]. European Journal of Mechanics-B/Fluids, 2019, 77: 25~31.

[2] Xu M J, Li C H, Wu C P, et al. Regimes during single water droplet impacting on hot ethanol surface [J]. International Journal of Heat and Mass Transfer, 2017, 116: 817~824.

[3] Xu M J, Wang C J, Lu S X, et al. Water droplet impacting on burning or unburned liquid pool [J]. Experimental Thermal and Fluid Science, 2017, 85: 313~321.

[4] Liang G T, Guo Y L, Shen S Q, et al. A study of a single liquid drop impact on inclined wetted surfaces [J]. Acta Mechanica, 2014, 225 (12): 3353~3363.

[5] Wang C X, Wang C J, Chen B, et al. Comparative study of water droplet interactions with molten lead and tin [J]. European Journal of Mechanics-B/Fluids, 2020, 80: 157~166.

[6] 王昌建, 王晨曦, 李满厚. 一种用于熔融金属与水作用研究的可视化硅钼棒炉膛装置 [P/OL]. CN110274473A, 2019-06-24.

[7] Furuya M, Arai T. Effect of surface property of molten metal pools on triggering of vapor explosions in water droplet impingement [J]. International Journal of Heat and Mass Transfer, 2008, 51 (17~18): 4439~4446.

[8] Song J G, Wang C J, Chen B, et al. Phenomena and mechanism of molten copper column interaction with water [J]. Acta Mechanica, 2020, 231: 2369~2380.

[9] 林栋. 水滴撞击低熔点熔融金属动力学特性研究 [D]. 合肥: 合肥工业大学, 2019.

[10] Rein M. The transitional regime between coalescing and splashing drops [J]. Journal of Fluid Mechanics, 1996, 306 (1): 145~165.

[11] Department of Prosthodontics, School of Dentistry, Seoul National University, et al. Influence of porcelain re-firing on the formation of surface bubble and on the change in shade of metal-ceramic crown exposed to artificial saliva [J]. The Journal of Korean Academy of Prosthodontics, 2011, 49 (2): 161~167.

[12] Liang G T, Guo Y L, Yang Y, et al. Special phenomena from a single liquid drop impact on wetted cylindrical surfaces [J]. Experimental Thermal and Fluid Science, 2013, 51: 18~27.

[13] Xu M J, Wang C J, Lu S X, et al. Experimental study of a droplet impacting on a burning fuel liquid surface [J]. Experimental Thermal and Fluid Science, 2016, 74: 347~353.

[14] Miyazaki K, Morimoto K, Yamamoto O, et al. Thermal Interaction of Water Droplet with Molten Tin [J]. Journal of Nuclear Science and Technology, 1984, 21 (12): 907~918.

[15] Drazin P. Kelvin-Helmholtz instability of finite amplitude [J]. Journal of Fluid Mechanics, 1970, 42 (2): 321~335.

[16] 张政铭. 水与高温熔融金属相互作用过程中接触特性研究 [D]. 上海: 上海交通大学, 2014.

[17] Gao X, Kong L J, Li R, et al. Heat transfer of single drop impact on a film flow cooling a hot surface [J]. International Journal of Heat and Mass Transfer, 2017, 108: 1068~1077.

[18] Kull H J. Theory of the Rayleigh-Taylor instability [J]. Physics Reports, 1991, 206 (5): 197~325.

[19] Kolev N I. Fragmentation and coalescence dynamics in multiphase flows [J]. Experimental

Thermal and Fluid Science, 1993, 6 (3): 211~251.

[20] Kolev N I. Multiphase Flow Dynamics 2: Mechanical Interactions [M]. Berlin: Springer, 2002.

[21] Lin D, Wang C J, Chen B, et al. Vapor Explosions in a Single Water Droplet Impacting on the Molten Tin [M]. 11th International Symposium on Safety Science and Technology (11th ISSST). Shanghai, China. 2018.

5　熔融铅撞击水面碎化行为

5.1　实验装置与实验方案介绍

为了能深入研究高温熔融金属液滴[1, 2]、液柱[3]与冷却水接触导致的蒸汽爆炸[4, 5]发展过程，同时探究金属温度[6]、下落速度[7, 8]、金属尺寸[9]、气体环境[10]等因素对相互作用的影响，设计和搭建了一套方便操作且可以实现可视化观测的熔融铅和冷却水直接接触的实验装置，并设计合理的实验方案。本章所涉及的实验装置和实验方案与第 3 章相同，区别在铅-水实验[11, 12]中，设定熔融铅的温度范围为 500~900℃，液柱直径 5~15mm，下落高度 40~80cm，水温 10~70℃。

5.2　实验过程及图像分析

本小节分析了熔融铅液柱的温度对熔融铅液柱进入水中后的演变规律的影响。本组实验使用的金属铅质量为 200g，熔融铅的温度分别为 500℃、700℃ 和 900℃。其他的条件为：熔融金属的下落高度（金属出口与水面的距离）为 40cm，铅液柱的初始直径为 10mm，冷却水的温度为 10℃，每组实验至少重复 3 次。本实验用高速摄像机记录了熔融铅以液柱形式在水中演变的全过程。在本实验中，由于测量仪器和实验设备本身精密性和固有特性，实验过程中难以预知和避免的外界的干扰，加上测量方法的局限性，实验中测得的熔融铅温度与实际温度之间必然会出现一定程度的差别，误差范围在 ±5℃。

以下给出了不同温度下的熔融铅液柱在冷却水中碎化破裂的序列图。从图像中可以观察到，不论在哪种温度下，柱状铅液柱进入水中的过程都可以分为六个阶段。以图 5-1（a）为例分析，第一阶段如 0ms 实验图像所示，是在熔融金属进入水中之前，从液柱刚刚接触到冷却水液面时开始记录。第二阶段如 6ms 实验图像所示，为熔融铅液柱刚刚进入水中后，柱状熔融铅的前端部分率先与水接触后，在很短的时间内接触面上的水就被蒸发，生成很多的小气泡包裹在熔融金属的周边，从而生成一层蒸汽膜包裹在熔融金属表面。由于铅液柱的的下落和熔融金属内外的扰动，蒸汽膜会发生逸出和破裂，柱状金属铅的前端会直接与水接触，发生碎化，明显能看到前端顶部有尖峰状的产物出现。第三阶段如 122ms 实验图像所示，为随着铅液柱的继续下落，会在铅液柱主体的周围造成一个比较大的中空区域，铅液柱的顶部的碎化程度加大。这个中空区域形成的一部分原因是因为熔融铅液柱下落夹带着周围的空气进入水中，另一方面是由于熔融金属与冷却水温差较大，前端与水接触的部分产生了大量的蒸汽。第四阶段如150ms实验图像所示，为中空区域的收缩。随着熔融铅液柱不断地流入，中空区域的气体逸出后，铅液柱主体的两侧直接与水接触，发生大面积碎化。值得注意的是，由于熔融铅液柱在下落过程中可能会出现断开，不连续的进入冷却水中，因此当一段新的铅液柱进入水中后，有可能会再次造成出现第三阶段中的中空区域，从而重复第四阶段描述的中空区域的收缩。第五阶段如976ms实验图像所示，为熔融铅柱全部进入水中后，会在冷却水中生成很多的小气泡，一方面是由于熔融铅与冷却水的温差，熔融铅柱在碎化过程中会生成大量的小气泡，另一方面是由于铅柱碎化后依然伴有余热，会聚集在水箱底部，产生蒸汽泡。第六阶段如1240ms实验图像所示，为熔融铅液柱与水相互作用结束后，产物下沉到水箱底部。需要注意的是，在本书研究的范围内，水的深度为12cm，先落入水中的铅液柱碎化之后的产物会因为密度比较大而在水箱底部累积，因此可能会对后续下落的铅液柱的碎化产生影响。不同冷却水深度对于熔融铅液柱在水中的演变的影响不在本文的研究范围之内。在熔融铅液柱的整个入水过程中，熔融铅液柱前端主要由瑞利-泰勒不稳定性[13]引起的，而熔融铅液柱两侧碎化，主要由于熔融铅-水速度差造成的开尔文-亥姆霍兹不稳定性[14]引起的。

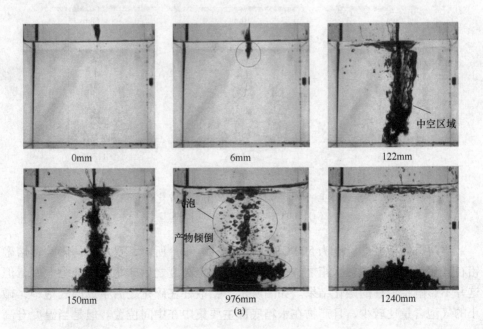

0mm 6mm 122mm 中空区域

150mm 气泡 产物倾倒 976mm 1240mm

(a)

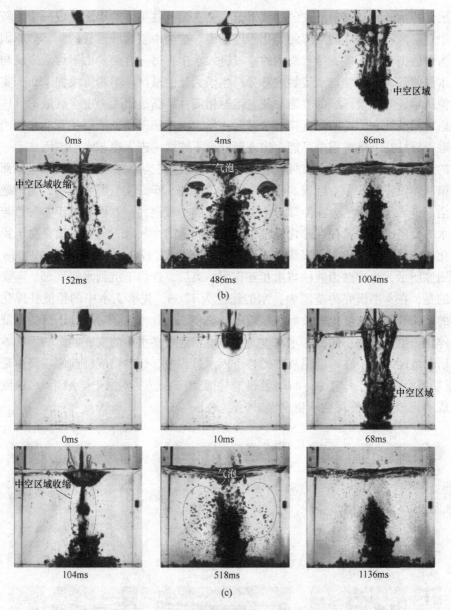

图 5-1　不同温度熔融铅撞击水面碎化行为
(a) 500℃；(b) 700℃；(c) 900℃

当熔融铅液柱的温度为 500℃时，如图 5-1 (a) 所示，受水深的影响，熔融铅在碎化后的会累积在水箱之中，当累积到一定高度之后产物有可能会倾倒，但这并不影响铅液柱的碎化结果。如图所示，铅液柱在碎化之后生成的气泡中，微小的气泡含量比较少，且产物在水箱底部主要集中在中间位置。但是当温度升高到900℃时，如图5-1（c）所示，铅液柱在碎化之后生成的气泡中，微小的气泡含量比较多，且产物已经遍布了水箱底部，这也造成了微小气泡生成的面积区域比较大。需要注意的是，随着温度的升高，熔融铅柱的连续性变差，在熔融铅液温度为500℃时，熔融铅液柱几乎不会发生断裂，随着温度增加到700℃和900℃时，熔融铅液柱会发生不同程度的断裂，呈不同长度的金属段间断式下落。这可能是由于随着温度的升高，熔融铅的表面张力和黏性都变小了，因此在一定高度流下时发生了断裂。

5.3 产物形态及颗粒尺寸分析

图5-2给出了500℃熔融铅液柱遇水碎化后的产物图。为了便于分析不同条件下的产物分布的规律，我们将不同尺寸的产物分为以下六类：即a类（$d \leqslant$ 1mm）、b类（1mm$<d \leqslant$3mm）、c类（3mm$<d \leqslant$10mm）、d类（10mm$<d \leqslant$ 20mm）、e类（20mm$<d \leqslant$30mm）和f类（$d>$30mm）[15]。其中，a类主要为粉末状产物，b类和c类主要为小颗粒状产物和大颗粒状产物，d类主要为片状和条状的产物，e类主要为蜂窝多孔状的产物，f为粘在一起的块状多孔结构产物。受瑞利-泰勒不稳定性影响的碎化产物主要呈现小颗粒状和粉末状，即a类、b类和c类产物；而受开尔文-亥姆霍兹不稳定影响碎化的碎化产物大多呈片状、条状以及蜂窝多孔状，即d类和e类产物。

图5-2 熔融铅遇水碎化后的产物图

图5-3展示的是不同温度条件下各类产物质量分数。为了便于阐述。图5-3（a）给出了在不同熔融铅温度条件下，熔融铅液柱与水作用后的产物尺寸分布图。本组实验中熔融铅温度分别为500℃、700℃及900℃，出口直径均为10mm，下落高度均为40cm，冷却水深度均为12cm。可以看到，随着熔融铅液柱的温度上升，a类、b类、c类和d类这四类产物质量分数增加，而e类和f类产物的质量分数减小。这是因为高温使金属铅和冷却水之间的温差加大，从铅液柱主体上被剥离出来的铅又受到瑞利-泰勒不稳定性影响，碎化成了更多的小颗粒和粉末状产物。而前端的碎化会引起后部分熔融铅也发生碎化，使得熔融铅液柱与水发生了更为强烈的碎化，导致铅液柱侧端剥离出了更多颗粒状、粉末状以及

片状和条状的产物。总的来说，熔融铅液柱温度的提高会促进铅的碎化。

图 5-3（b）为不同冷却水温条件下的产物尺寸分布图。本组实验中熔融铅温度为 700℃，出口直径为 15mm，下落高度为 80cm，冷却水深度为 12cm，冷却水温度分别为 10℃、30℃、50℃ 和 70℃。从图中可以看到，a 类、b 类及 c 类产物质量比重随冷却水温度上升而呈递增趋势，在冷却水温度为 70℃ 时质量分数最大。而 d 类和 e 类产物质量分数在 4 种工况冷却水温度下差别并不显著。这说明随着冷却水温度的上升，熔融铅液柱受到了更多瑞利-泰勒不稳定性的影响，液柱前端发生了更多的碎化，产生的颗粒状产物以及粉末状的产物质量分数更多。

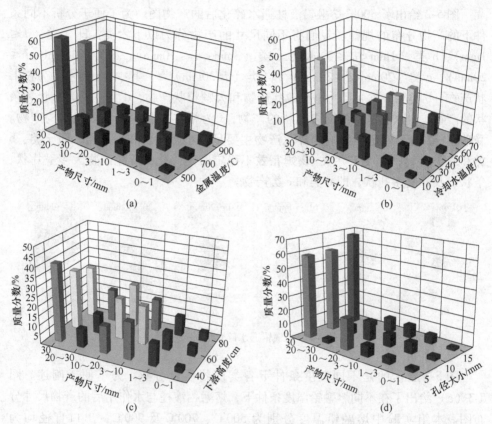

图 5-3　不同熔融铅条件下的产物尺寸分布图
（a）金属温度；（b）冷却水温度；（c）下落高度；（d）孔径大小

图 5-3（c）为不同入水高度条件下的产物尺寸分布图。本组实验中熔融铅温度为 900℃，出口直径为 15mm，冷却水深度为 12cm，熔融铅液柱下落高度分为 40cm、60cm 和 80cm。可以看到，在下落高度为 40cm 条件下时 f 类的产物质量分数是最大的，d 类和 e 类产物质量分数最小。随着下落高度的提高 f 类产物质

量分数开始下降，而 d 类和 e 类产物质量分数开始上升。这是主要是由于高度的增加改变了熔融铅柱与水接触时的碎化方式，使得开尔文-亥姆霍兹不稳定的影响大大增强，使得铅液柱在与冷却水接触的过程中被剥离出更多的片状和长条状产物，同时会伴随产生一些粉末状和小颗粒状的产物。

图 5-3（d）展示了不同液柱直径条件下的产物尺寸分布图。本组实验中熔融铅温度为 500℃，下落高度为 60cm，冷却水深度为 12cm，熔融铅液柱出口直径分为 5mm、10mm 和 15mm。当液柱直径由 5mm 增大到 10mm 时，b 类和 c 类的产物质量分数增大。这是因为，在入水阶段，铅液柱发生的碎化程度加剧，产生了比较多的小颗粒状产物。而 d 类的小片状、条状产物质量分数明显减小，这是因为直径增大造成了更大的中空区域，使得铅液柱主干部分受到的剪切力减小，因此 d 类的小片状、条状产物质量分数减小。当直径增加到 15mm 时，d 类的片状产物最少，而最大的块状产物质量分数最大，说明在 15mm 条件下时铅液柱的主干部分与冷却水接触变少，造成的中空区域会使铅液柱在水箱底部聚集后与水接触碎化，造成产物的尺寸较大。大尺寸的产物质量分数增大，但大尺寸产物的碎化形态与前两种实验条件的产物碎化形态相比更为蓬松多孔。

5.4　不同条件对金属前端速度的影响

图 5-4 给出了在不同金属温度条件下，熔融金属前端从进入冷却水液面到触及水箱底部的运动距离与时间的关系。在本实验中，水深为 12cm，熔融铅的出口直径均为 10mm，下落高度为 40cm。熔融金属在到达水面时的初速度只与熔融金属的下落高度有关，因此熔融金属在进入水中时的初速度是一致的。

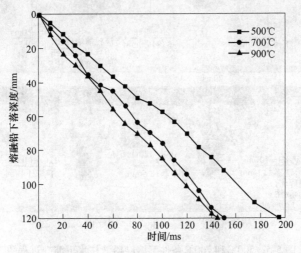

图 5-4　不同熔融铅温度条件下，熔融铅前端运动距离与时间的关系

从图 5-4 中数据可以知道，在熔融金属温度为 500℃时，熔融金属的触底时间为 200ms，随着熔融铅温度的升高，触底时间会缩短，当温度达到 900℃时，触底时间缩短为 144ms。图 5-5 给出了 500℃和 700℃条件下熔融铅液柱水下演变过程图。可以看到，在金属温度为 700℃的实验中，40ms、80ms 和 180ms 液柱前端均发生了不同程度的碎化，细小颗粒向四周加速射出，此时前端下落距离比其他时间的前端下落距离明显要大。熔融铅在水中的下落过程中，前端在进入水中

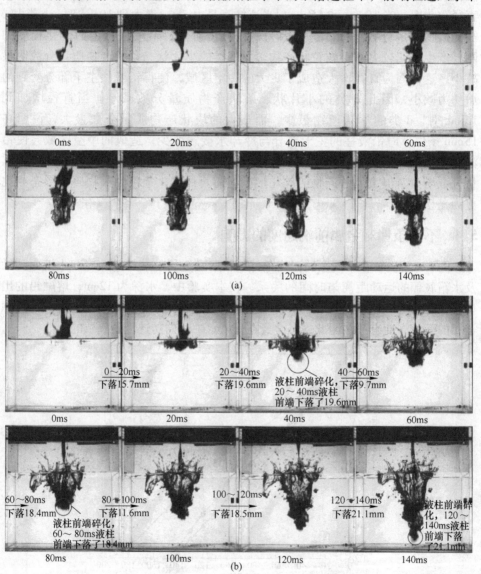

图 5-5　500℃和 700℃条件下熔融铅液柱水下演变过程图

(a) 500℃；(b) 700℃

之后受到瑞利-泰勒不稳定性的影响会率先膨胀碎化，前端的膨胀碎化会向上扩散，致使后面的金属铅也发生碎化。后端碎化会给前端的金属造成一个冲量，导致前端的金属铅的速度会"增加"。需要强调的是，熔融铅液柱在进入水中后，由于受到阻力作用，熔融铅液柱速度会减小，因此前面提到的"增加"并不是真正的速度增加了，而是指后面的金属对前端金属产生的冲量会抵消掉部分阻力，使熔融金属速度衰减减慢。熔融金属前端触底的时间随着温度的升高而减小，说明熔融金属前端的速度衰减幅度是随着温度的升高而减小的。这说明在温度比较高时，熔融铅液柱的前端受到了更多的来自于后续铅柱碎化时产生的冲量，铅液柱的碎化程度更大，也更为剧烈。由于触底速度的增大，因此产物更加向水箱四周扩散，因此随着金属温度的升高，熔融铅与冷却水作用后的产物就更不容易累积在水箱中间，造成更多的气泡。

通过本小节实验分析可知，随着熔融铅的温度的升高，熔融铅与冷却水相互作用后的碎化现象越明显，碎化程度越高，碎化后的产物颗粒尺寸就越小。由临界瑞利-泰勒不稳定性的波长为：

$$\lambda_{RT} = 2\pi \sqrt{\frac{3\gamma_m}{(\rho_m - \rho_v)g}} \tag{4-3}$$

式中　λ_{RT}——瑞利-泰勒不稳定性临界波长，m；

　　　γ_m——熔融金属柱的表面张力，N/m；

　　　ρ_m——熔融金属柱的密度，kg/m^3；

　　　ρ_v——冷却水的密度，kg/m^3；

　　　g——熔融金属下落的加速度，其值取决于多个平衡力的综合效应，m/s^2。

可知，瑞利-泰勒不稳定性的波长与金属液柱表面张力是正相关的，当熔融铅液的温度升高时，铅液柱的表面张力减小，导致瑞利-泰勒不稳定性的波长减小。当实验中的实际波长小于临界波长时，液柱受瑞利-泰勒不稳定的影响就会增大，使蒸汽膜更加不稳定，液柱前端的碎化程度就会加剧。

马兰戈尼效应（Marangoni effect）指的是由于在不同液体的界面存在表面张力梯度导致界面之间出现质量传递的现象；当同种液体由于温差等原因也会出现马兰戈尼效应，表现在同种液体界面时，其表现形式为切向剪应力。马兰戈尼效应的公式为：

$$\tau \approx \frac{d\gamma_m}{dT}(T_m - T_0) \tag{5-1}$$

式中　τ——剪应力，N/m；

　　　γ_m——熔融金属柱的表面张力，N/m；

　　　T_m——熔融金属的温度，℃；

　　　T_0——熔融金属的初始温度，℃。

　　由此可知，熔融金属表面的切向应力与熔融金属的温差和温度变化速度是有关系的。当熔融铅液柱的温度升高时，高温铅的温度变化值加大，作用在熔融铅液柱表面的切向应力就越大，那么铅液柱前端就更容易碎化成更小的颗粒。此外，高温的铅液柱与冷却水接触后需要更长的时间来冷凝到凝固点，这就让铅液柱与冷却水的作用时间加长，也就使熔融铅的碎化更为彻底。

　　图 5-6 给出了在不同冷却水温度条件下，熔融金属前端从进入冷却水液面到触及水箱底部的时间与冷却水温度的关系。在本实验中，熔融铅的出口直径均为 10mm，下落高度为 80cm，冷却水深度为 12cm，水温分别为 10℃、30℃、50℃和 70℃。

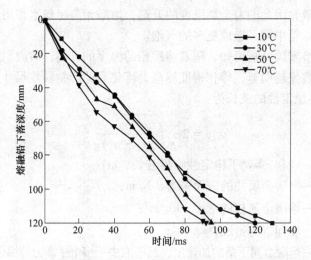

图 5-6　不同冷却水温度条件下，熔融金属前端运动距离与时间的关系

　　从图 5-6 中数据可以看到，冷却水温为 10℃时前端触底时间为 130ms，30℃时触底时间为 120ms，而 50℃时触底时间则为 96ms，70℃时触底时间减到 92mm。随着温度升高触底时间呈减小趋势。

　　通过对改变冷却水温度的实验图像、碎化产物粒径和前段金属触底时间的分析，发现冷却水温的升高也会抑制熔融铅柱前端的碎化。由临界瑞利-泰勒不稳定性的波长公式（4-3）可知，瑞利-泰勒不稳定性波长与冷却水的密度呈正相关。在标准大气压下，当水温高于 4℃时，水温升高水的密度会减小。随着冷却水温度升高，冷却水密度减小，熔融铅液柱的瑞利-泰勒不稳定性波长就会减小，液柱受瑞利-泰勒不稳定性的影响就会增大，使蒸汽膜更加不稳定，液柱前端的碎化程度就会加剧，导致液柱前端触底时间的缩短，液柱下落过程中的相对速度变大。同时，由于相对速度的增加，使得熔融铅柱与冷却水之间的剪切力增大，当剪切力越大于熔融金属的表面张力时，熔融铅柱就越易碎化成更小的颗粒。

　　冷却水温度为 30℃和 50℃的实验中，液柱下落演变如图 5-7 所示。冷却水温度为 50℃的液柱前端相对于冷却水温度为 30℃的液柱前端发生了更显著的碎化，液柱前端触底时间相对较快，说明熔融铅液柱前端的碎化缩短了前端触底时间。

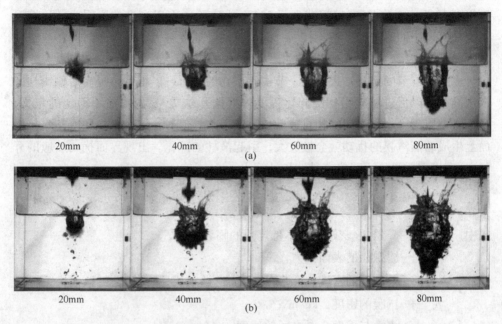

图 5-7 冷却水温度为 30℃和 50℃的实验中，液柱下落演变图
(a) 30℃；(b) 50℃

图 5-8 给出了熔融铅柱在不同入水高度条件下，熔融金属前端从进入冷却水液面到触及水箱底部的时间与入水高度的关系。本实验中，水深为 12cm，熔融铅的出口直径均为 10mm，温度为 900℃，入水高度分别为 40cm、60cm 和 80cm。

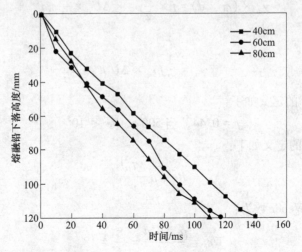

图 5-8 不同熔融铅下落高度条件下，熔融金属前端运动距离与时间的关系

可以看出，由于入水速度的不同导致金属前端触底的时间有所不同，因此当入水高度从 40cm 提高至 60cm 时，前端触底时间从 140ms 减少至 117ms。而当入水高度提高至 80cm 时，触底时间减少至 111ms。实验中由于高度的原因，导致熔融铅液柱落至水面时的速度各不相同，高度越高，速度越大，其触底时间相应也就越短。

通过对本节的实验结果及上一节实验产物的分析可以得到，提高熔融铅柱的入水高度可以促进熔融铅柱的碎化程度。根据开尔文-亥姆霍兹不稳定的定义，当熔融金属与冷却水之间的相对速度超过某一临界值时，熔融铅柱和冷却水接触面上生成的蒸汽膜的扰动就会被放大，引起液柱的碎化。出现界面扰动效应的开尔文-亥姆霍兹最小不稳定，其波长计算为：

$$\lambda_{KH} = \frac{2\pi\gamma_m(\rho_m + \rho_v)}{\Delta v_{mv}^2 \rho_m \rho_v} \tag{4-2}$$

式中　λ_{KH}——开尔文-亥姆霍兹不稳定性的临界波长，m；

　　　γ_m——熔融锡的表面张力，N/m；

　　　ρ_m——熔融锡的密度，kg/m^3；

　　　ρ_v——汽膜的密度，kg/m^3；

　　　Δv_{mv}——水滴与熔融金属之间的速度，m/s。

由最小开尔文-亥姆霍兹不稳定波长公式（4-2）可知，当熔融金属的入水速度增大时，由开尔文-亥姆霍兹不稳定性产生的波长会变小，因此从熔融铅柱更容易发生碎化。另一方面，根据临界 Weber 数理论表面张力与剪切力的平衡公式[17]：

$$\gamma_m \times (\pi \times d) = f \times \frac{1}{2}\rho_w \times \Delta U^2 \times \frac{1}{4}\pi d^2 \tag{5-2}$$

则

$$\gamma_m = \frac{1}{8}f\rho_w \times \Delta U^2 d \tag{5-3}$$

摩擦系数 f 的定义如下：

$$f = 0.44, \text{当} 500 < Re < 10^5$$

雷诺数 Re 的定义如下：

$$Re = \rho\frac{\Delta U d}{\nu} \tag{5-4}$$

可得临界 Weber 数为：

$$We_c = \frac{\rho_w \Delta U^2 d}{\gamma_m} = \frac{8}{f} = 18 \tag{5-5}$$

由此得到最稳定的液滴直径为：

$$d = \frac{18\gamma_m}{\rho_w \Delta \nu^2} \tag{5-6}$$

式中　γ_m——熔融金属柱的表面张力，N/m；

　　　ρ_w——冷却水的密度，kg/m³；

　　　ΔU——熔融金属与冷却水之间的相对速度，m/s；

　　　d——熔融金属液滴的直径，m；

　　　f——摩擦系数；

　　　ν——流体黏度系数。

由公式（5-6）可知，熔融铅柱的入水高度增大后，与冷却水之间的相对速度增加，会导致碎化后的熔融铅液滴的稳定直径减小，熔融铅柱的碎化程度也就越高。

图 5-9 给出了在不同液柱直径的条件下，熔融金属前端从进入冷却水液面到触及水箱底部的时间与液柱直径的关系。在本实验中，水深为 12cm，熔融铅的出口直径分别为 5mm、10mm 和 15mm，温度为 700℃，入水高度均为 80cm。

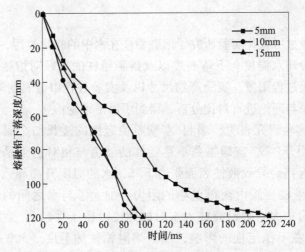

图 5-9　不同熔融铅直径条件下，熔融金属前端运动距离与时间的关系

从图 5-9 中可以看到，液柱直径为 5mm 时的金属到达水箱底部的时间要远远大于其他两个直径尺寸所需要的时间，主要是因为直径为 5mm 时，如图 5-10 所示，下落的液柱更为分散，很大程度上都是呈一小段甚至是大颗粒状下落。后续下落的液柱与前面的基本上处于分离状态，后续液柱段的碎化不会对前面的造成影响，因此落到水箱底部的时间就大大增加了。

100ms　　　　　150ms　　　　　200ms　　　　　250ms

图 5-10　熔融铅直径为 5mm 时，液柱下落演变图

当液柱直径增大到 10mm 和 15mm 时，液柱的离散程度减小，因为熔融的铅的质量是一样的，当直径扩大时，下落后的液柱单位长度的铅质量增大，碎化程度加剧，且后续碎化的熔融铅会对前端的金属造成一个向下的冲量，减小触底时间。而液柱直径为 15mm 时熔融金属与水的接触面积更大，在水中遇到的阻力也会增大，增加相应的触底时间。在两者的共同作用下，液柱直径为 10mm 和 15mm 两种条件下的前端金属触底时间基本上没有很大变化，15mm 条件下的所需时间略大于 10mm 条件下的时间。

5.5　小结

本书主要通过可视化实验研究了熔融铅柱在水中的碎化过程，分析了不同的熔融铅温度、冷却水温度、下落高度以及熔融铅柱的直径对熔融铅柱碎化的影响。通过对实验过程图像、实验产物尺寸以及实验过程中金属前端速度的变化，以及将实验结果与理论进行对比分析，得到了以下结论：

（1）通过实验研究表明，瑞利-泰勒不稳定性的波长与金属液柱表面张力是正相关的，而开尔文-亥姆霍兹不稳定性的波值与相对速度是呈负相关的关系，铅的温度升高会导致液柱表面张力下降，水的温度升高导致更容易生成蒸汽膜[15]使得铅液柱在膜内获得更小的阻力，加大了与水之间的相对速度，下落高度的增加会加大熔融铅液柱入水时的速度。由于受瑞利-泰勒不稳定性和开尔文-亥姆霍兹不稳定性的影响，随着熔融铅柱的温度（500~900℃）及冷却水（10~70℃）的升高，铅柱的碎化过程越快，碎化后的产物颗粒直径就越小，金属前端触底的时间也会缩短，随着下落高度的增加，液柱碎化程度提高，开尔文-亥姆霍兹不稳定性的影响逐渐增强。

（2）熔融铅柱直径 10~15mm 范围内，直径增大时，铅液柱的连续性变好，熔融铅液柱在入水阶段的碎化会加剧。当液柱直径在 5mm 时由于离散程度较大，液柱会分解成液滴落入水中与水相互作用，发生的碎化在液滴之间相互作用较小，对液柱触底时间的影响有限。

参 考 文 献

[1] 周源. 蒸汽爆炸中熔融金属液滴热碎化机理及模型研究 [D]. 上海：上海交通大学, 2014.

[2] 林千, 佟立丽, 曹学武, 等. 熔融金属液滴热细粒化过程研究 [J]. 原子能科学技术, 2009, 43 (7)：604~608.

[3] 汪江涛. 低熔点熔融金属液柱遇水演变规律研究 [D]. 合肥：合肥工业大学, 2020.

[4] 李天舒, 杨燕华, 袁明豪, 等. 金属物性与冷却剂温度对蒸汽爆炸的影响 [J]. 中国核电, 2008, 1 (1)：75~79.

[5] 李天舒. 低温熔融金属蒸汽爆炸理论与实验研究 [D]. 上海：上海交通大学, 2008.

[6] 张政铭. 水与高温熔融金属相互作用过程中接触特性研究 [D]. 上海：上海交通大学, 2014.

[7] Abe Y, Kizu T, Arai T, et al. Study on thermal-hydraulic behavior during molten material and coolant interaction [J]. Nuclear Engineering and Design, 2004, 230 (1~3)：277~291.

[8] Cheng H, Zhao J, Wang J. Experimental investigation on the characteristics of melt jet breakup in water：The importance of surface tension and Rayleigh-Plateau instability [J]. International Journal of Heat and Mass Transfer, 2018, 132：388~393.

[9] Berthoud G. Vapor Explosions [J]. Annual Review of Fluid Mechanics, 2000, 32 (1)：573~611.

[10] Wang J T, Li M H, Chen B, et al. Experimental study of the molten tin column impacting on the cooling water pool [J]. Annals of Nuclear Energy, 2020, 143：107~464.

[11] Kim B, Corradini M L. Modeling of Small-Scale Single Droplet Fuel/Coolant Interactions [J]. Nuclear Science and Engineering, 1988, 98 (1)：16~28.

[12] Fröhlich G, Müller G, Unger H. Experiments with water and hot melts of lead [J]. Journal of Non-Equilibrium Thermodynamics, 1976, 1 (2)：91~104.

[13] Kull H J. Theory of the Rayleigh-Taylor instability [J]. Physics Reports, 1991, 206 (5)：197~325.

[14] Vujinovic A A, Rakovec S J Z. Kelvin-Helmholtz Instability [M]. Springer New York, 2015.

[15] 刘子健, 沈致和, 陈兵, 等. 高温熔融铝液柱遇水蒸汽爆炸压力及固体产物分布实验研究 [J]. 实验力学, 2021.

[16] Corradini M L. Phenomenological Modeling of the Triggering Phase of Small-Scale Steam Explosion Experiments [J]. Nuclear Science and Engineering, 1981, 78 (2)：154~170.

[17] Abe Y, Matsuo E, Arai T, et al. Fragmentation behavior during molten material and coolant interactions [J]. Nuclear Engineering and Design, 2006, 236 (14~16)：1668~1681.

6 水滴撞击熔融铅动力学行为

<<<<<<<<<<<<<<<<<<<<<<<<<<<<<<<<<<<<<<<<<<<<<<<<<<<<<<<<<<<<<<

6.1 实验装置和实验方案

在第 4 章中我们研究了不同实验条件下水滴撞击熔融锡后两者的相互作用过程，探索了不同水滴下落高度、水滴直径、熔融锡温度以及厚度、熔融锡表面氧化程度对两者相互作用过程的剧烈程度的影响。为了研究熔融金属的种类对两者相互作用过程的影响，本书还对水滴撞击熔融铅后两者相互作用过程的动力学特性进行了研究。本章所涉及的实验装置和实验方案与第 4 章相同，唯一的区别为本章中熔融铅的温度被设定为 450~530℃，温度间隔为 20℃。

6.2 水滴撞击熔融铅动力学特性研究

6.2.1 典型现象

在水滴撞击熔融铅后两者相互作用的实验研究中，我们同样也发现了三种典型实验现象：水滴破碎现象、气泡现象和王冠现象[1~3]，与水滴撞击熔融锡后两者相互作用的典型现象十分相似。同时，对两种实验中的这三种典型实验现象进行对比分析后可发现：

（1）这两种实验的典型实验现象中水滴破碎现象基本相同。如图 6-1 所示，在水滴韦伯数为 87，熔融铅温度和厚度分别为 450℃和 20mm，以及熔融铅表面无氧化层的条件下，水滴和熔融铅表面相撞后发生形变，并碎化成若干个向外飞溅的子液滴。这些子液滴最终下落在熔融铅表面，直至被完全蒸发。

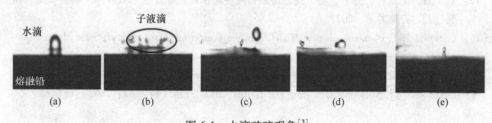

图 6-1 水滴破碎现象[3]

(a) 0ms；(b) 3ms；(c) 17ms；(d) 60ms；(e) 156ms

（2）在水滴韦伯数为 434，熔融铅温度和厚度分别为 450℃和 20mm，以及熔融铅表面无氧化层条件下，气泡现象发生。然而，这与水滴撞击熔融锡后所出现的气泡现象相比有着明显的不同。首先，在水滴接触熔融铅之后的 2ms，熔融铅表面发生了明显的蒸汽爆炸现象，如图 6-2（b）所示。同时，作用区域内向四周溅射的不仅仅有水滴的子液滴，中间也夹杂着熔融铅颗粒。其次，在气泡现象的发展过程中同样会伴随着水滴和熔融铅的溅射。如图 6-2（e）所示，当气泡结构消失后，作用区域的中心会产生射流现象并出现一个液柱[4]，这与水滴撞击熔融锡表面后所出现的气泡现象相当不同。

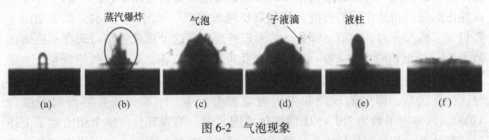

图 6-2 气泡现象

（a）0ms；（b）2ms；（c）35ms；（d）55ms；（e）108ms；（f）183ms

（3）在水滴韦伯数为 803，熔融铅温度和厚度分别为 450℃和 20mm，以及熔融铅表面无氧化层条件下两种实验中王冠现象的发展过程也是相似的。同样地，水滴在接触熔融铅表面的极短的时间内王冠结构出现，如图 6-3 所示。王冠结构在达到最大后逐渐塌陷，然后熔融铅表面出现射流液柱，液柱最终在自身重力的作用下逐渐消失。这是因为当水滴与熔融铅之间的蒸汽膜发生局部塌陷后，两者发生直接接触，水滴在两者巨大的温差下被迅速蒸发汽化[5]，产生巨大的蒸汽压力冲击波，即蒸汽爆炸现象[6~9]。

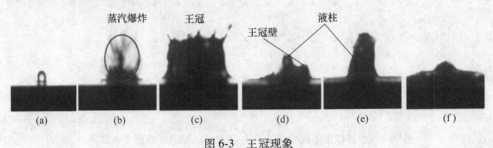

图 6-3 王冠现象

（a）0ms；（b）2ms；（c）35ms；（d）55ms；（e）108ms；（f）183ms

6.2.2 不同条件下各种现象的分布情况

上述水滴与熔融锡相互作用的实验中，我们分析了不同水滴下落高度和熔融锡表面氧化程度条件下各种典型实验现象的分布，并绘制了相关的相图。同样地，在本章的水滴与熔融铅相互作用的实验中，我们也将对多个研究变量进行交叉关联，以此探索不同实验条件下各种典型实验现象的分布规律。

6.2.2.1　不同熔融铅厚度和水滴大小条件下，各种现象的分布情况

为了探索不同熔融铅温度和水滴下落高度条件下各种典型实验现象的分布情况。本文在保持水滴温度为25℃、水滴直径为5mm和熔融铅厚度为2mm等条件不变的情况下，开展了水滴韦伯数为84~925、熔融铅温度在450~530℃变化范围内的实验研究。将高速相机记录的图像数据进行分析总结后，把不同条件下水滴撞击熔融铅相互作用的典型实验现象整理成相图，如图6-4所示。整个相图主要包含了四部分内容。第一部分，液滴破碎现象，这个现象主要出现在水滴韦伯数为84、熔融铅温度在450~490℃的变化范围之内；第二部分，气泡现象，主要出现在熔融铅温度为450℃、水滴韦伯数为201~434的变化范围之内；第三部分，过渡区域，即气泡现象和王冠现象都会发生。主要出现在熔融铅温度为470℃、水滴韦伯数为201~321的变化范围之内；第四部分，整个相图除了上述的三部分外，其余部分只代表一种现象，即王冠现象。同时，在所研究的参数变化范围之内，我们可以总结出水滴的韦伯数以及熔融锡的温度的改变会影响水滴撞击熔融铅的相互作用类型。

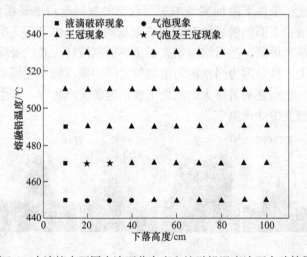

图6-4　水滴撞击不同水滴下落高度和熔融铅温度液面实验结果

6.2.2.2　不同熔融铅厚度和水滴大小条件下，各种现象的分布情况

为了研究不同熔融铅温度和水滴下落高度条件下各种现象的分布情况。本文在保持水滴温度为25℃、熔融铅温度为450℃和水滴下落高度为50cm等条件不变的情况下，开展了水滴韦伯数为544~965（水滴直径为5~10.2mm）和熔融铅

厚度为 1~3cm 变化范围内的实验研究，并绘制相应的相图。如图 6-5 所示，整个相图可划分为三部分。第一部分称为蒸汽爆炸区，在这个区域内水滴撞击熔融铅相互作用类型只有王冠现象。第二部分称为无蒸汽爆炸区，所发生的相互作用类型为水滴破碎现象。第三部分称为过渡区，在这个区域三种相互作用类型都有发生。与水滴撞击熔融锡的实验研究进行对比，我们得出共同的规律：改变熔融金属的厚度和水滴的大小都会改变两者相互作用的类型。值得指出的是，在水滴韦伯数为 544（液滴直径为 5mm）时，由于水滴的韦伯数较小，水滴所具有的冲击力不足以使得蒸汽膜发生局部塌陷，所以不论熔融铅的厚度怎么变化，相互作用过程中都不会出现蒸汽爆炸现象。

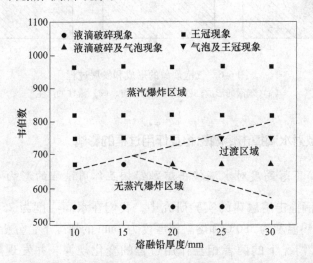

图 6-5　水滴撞击不同韦伯数（水滴直径）和厚度的熔融铅液面实验结果

6.2.3　各种现象形成机理

已知水滴撞击熔融铅相互作用过程中的水滴破碎现象和王冠现象与水滴撞击熔融锡相互作用过程中的这两种实验现象几乎相同，且形成机理相同。而在两种实验中的气泡现象存在着明显的差异，所以这里主要针对水滴撞击熔融铅相互作用过程中的气泡现象的形成机理进行分析。

两种实验中气泡结构的形成起因是相同的，都是因为在熔融金属内部形成包裹水滴的封闭空腔，之后空腔内部压力随水滴的蒸发而逐渐增大。结果，空腔上端的熔融金属薄层被向上推动从而形成气泡结构[10]。但两种实验中气泡现象的发展过程是不同的，如图 6-6 所示。在水滴撞击熔融铅的实验研究中，气泡结构的扩展和收缩过程中会一直伴随着水滴和熔融铅的溅射现象。由于熔融铅的温度较熔融锡更高，故水滴与熔融铅之间的换热更强从而引发了蒸汽爆炸现象。蒸汽爆炸所带来的蒸汽压力冲击波使气泡的发展过程中出现水滴和熔融铅颗粒的溅射。其次，在气泡收缩消失后，熔融铅表面会出现射流液柱。这是因为熔融铅的密度较大，故每单位气泡结构所具有的质量较熔融锡更高。气泡结构在达到最大尺寸后迅速收缩塌陷，而其所具有的重力势能被用于形成射流液柱。射流液柱在达到其最大高度后，逐渐在自身重力势能的作用下发生塌陷并最终消失。

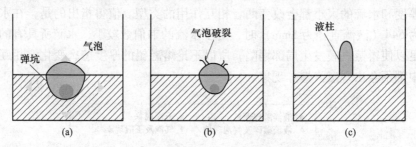

图 6-6　气泡现象的形成和发展过程
（a）气泡的形成；（b）气泡的破裂；（c）液柱的产生

6.2.4　韦伯数对水滴撞击熔融铅相互作用过程的影响

6.2.4.1　水滴下落高度对水滴撞击熔融铅相互作用过程的影响

在上述水滴撞击熔融锡的实验研究中，我们在水滴温度为 25℃、水滴直径为 5mm、熔融锡温度为 380℃和熔融锡厚度为 2mm 的情况下，分析了水滴下落高度为 10~90cm 情况下的两者相互作用过程的变化规律。并发现随着水滴韦伯数（水滴下落高度）的增大，水滴与熔融锡相互作用过程中蒸汽爆炸的剧烈程度逐渐增大。在本章的研究中，我们在保持水滴温度为 25℃、水滴直径为 5mm、熔融铅温度为 450℃和熔融铅厚度为 2mm 保持不变的情况下，开展了水滴下落高度为 10~90cm 情况下的实验研究。图 6-7 表示不同水滴下落高度条件下，两种实验中王冠最大高度的对比，我们可以看出：

（1）当水滴韦伯数小于 544（水滴的下落高度小于 50cm）时，水滴撞击熔融铅后两者相互作用过程中不会出现王冠现象。

（2）即使熔融铅的温度比熔融锡的温度要高，但在相同水滴韦伯数条件下，水-铅实验中的王冠最大高度要比水-锡实验中王冠最大高度小得多。这与熔融锡和熔融铅之间的物理性质差异有关。在上述王冠形成机理的分析中我们知道王冠最大高度与水滴所具有的能量以及蒸汽爆炸所产生的蒸汽压力冲击波有关[11~14]。增大水滴所具有的能量会使得王冠的最大高度增大，在相互作用过程中，水滴会将自身所具有的动能以及重力势能传递给熔融金属，以增加熔融金属的动能。在王冠的形成和发展过程中，熔融金属的这部分动能会逐渐转变为王冠升高所需要的重力势能[15]。熔融铅与熔融锡相比，除了具有更高的熔点、更低的沸点，还具有更大的密度（锡密度为 5.75~7.28g/cm³，铅密度为 11.3437g/cm³）[16]。所以当具有同等能量的水滴去分别撞击密度不同的熔融锡和熔融铅时，密度更大的熔融铅所形成王冠结构的最大高度会更低。故在水滴撞击熔融铅的实验中，只有水滴韦伯数大于 544 的情况下才会出现王冠现象，且在相同水滴韦伯数条件下，水-铅实验中王冠的最大高度相对水-锡实验中王冠的最大高度要更低。

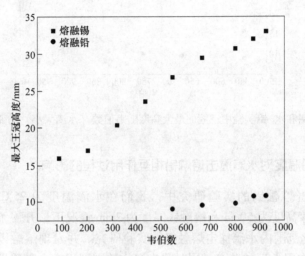

图 6-7　水-锡和水-铅实验中王冠的最大高度随韦伯数
（水滴下落高度）的变化关系对比

6.2.4.2　水滴大小对水滴撞击熔融铅相互作用过程的影响

在水滴撞击熔融锡的实验研究中，我们在水滴温度为 25℃、水滴下落高度为 50cm、熔融锡温度为 380℃和熔融锡厚度为 2mm 情况下，开展了不同直径大小的水滴撞击熔融锡的实验研究。并发现随着水滴直径的增大，水滴撞击熔融锡的相互作用过程中蒸汽爆炸剧烈程度逐渐增大。在本章我们同样在不同液滴直径大小的条件下，分析了水滴与熔融铅之间的相互作用过程。图 6-8 表示在不同水滴直径大小条件下，水-锡和水-铅实验中最大王冠高度的对比。可以看出两种实验中的最大王冠高度都会随着水滴直径的增加而增大。但是需要指出的是，水-铅实验中的王冠最大高度较小，且其随水滴直径的增加而增大变化趋势非常不明显。熔融铅的密度相对较大[16]，故在相同情况下，其所构成王冠结构所需要克服的重力势能要远大于相对低密度熔融锡所构成王冠结构所需要克服的重力势能。因此在水滴韦伯数为 544~965 的范围内，水-铅实验中最大王冠高度随水滴直径变化而变化的趋势较为不明显。

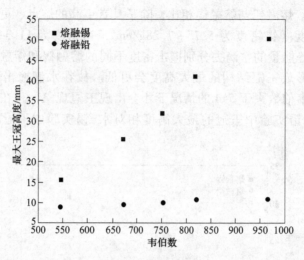

图 6-8　水-锡和水-铅实验中王冠的最大高度随韦伯数（水滴大小）的变化关系对比

6.2.5　熔融铅温度对水滴撞击熔融铅相互作用过程的影响

在水滴撞击熔融锡的实验研究中，我们在水滴温度为 25℃、水滴大小为 5mm、水滴下落高度为 50cm 和熔融锡厚度为 2mm 情况下，开展了熔融锡温度在 360~440℃ 变化范围内水滴撞击熔融锡的实验研究。并发现熔融锡温度的变化会导致两者相互作用类型的转变，同时蒸汽爆炸的剧烈程度会随着熔融锡温度升高而增强。在本章，我们同样在不同熔融铅温度条件下，分析了水滴撞击熔融铅后两者的相互作用过程。图 6-9 表示王冠最大高度随熔融铅温度的变化趋势，可以

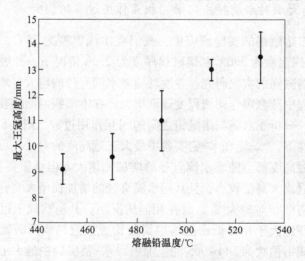

图 6-9　王冠的最大高度随熔融铅温度的变化关系

看出随着熔融铅温度升高，王冠的最大高度逐渐增大，即两者相互作用过程中的蒸汽爆炸更加剧烈[11]。此外，在水-锡实验中王冠的最大高度为 25～50mm，而在水-铅实验中王冠的最大高度仅为 9.1～13.5mm。因为熔融铅的密度远大于熔融锡的密度，故由熔融铅所形成的王冠结构在发展过程中每升高一单位要比熔融锡所形成的王冠每升高一单位需要更多的能量。本实验中熔融铅的温度高于熔融锡的温度，虽然熔融金属温度的升高会使蒸汽膜受到的扰动作用增强[17,18]，但是其同样也会使得水滴的蒸发汽化速率加强，导致其周围蒸汽膜的稳定性增强，从而造成两者相互作用过程中蒸汽爆炸剧烈程度较低。

6.2.6 熔融铅厚度对水滴撞击熔融铅相互作用过程的影响

在水滴撞击熔融锡的实验中，我们研究了不同熔融锡厚度对水滴撞击熔融锡相互作用过程的影响。图 6-10 表示水-锡实验和水-铅实验中，最大王冠高度在不同的熔融金属厚度下的变化规律（其他实验工况保持不变）。通过对比分析，我们可以发现以下规律：

（1）随着熔融金属厚度的增加，王冠的最大高度呈现先减小后趋于稳定的趋势，即水滴与熔融金属之间的相互作用过程中蒸汽爆炸剧烈的程度先减小后趋于稳定。

（2）在水-锡实验中，熔融锡的厚度达到 20mm 后，水滴与熔融锡之间相互作用中蒸汽爆炸的剧烈程度趋于稳定，而在水-铅实验中，当熔融铅的厚度达到 15mm 后，水滴与熔融铅之间相互作用中蒸汽爆炸的剧烈程度就已经趋于稳定。这是因为熔融铅的密度较大，所以水滴穿过熔融铅表面后需要消耗更多的能量来推动熔融铅从而其内部向下运动。因此当水滴的下落高度相同时，水滴在熔融铅内部向下运动

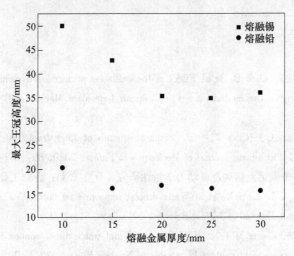

图 6-10　水-锡和水-铅实验中王冠的最大高度随熔融金属厚度的变化关系对比

的距离和水滴在熔融锡内部向下运动的距离相比较小。因此，被水滴向四周推开用来形成王冠的熔融铅更少。同时，因为水滴在熔融铅内部运动的位移相对较小，使得水滴在熔融铅较浅（本书熔融铅厚度为 15mm）的情况下就已经无法接触到石英槽底壁，从而导致水滴碎化以增加相互作用中蒸汽爆炸的剧烈程度。

6.3　小结

本章主要对水滴撞击熔融铅的动态过程进行可视化研究，分析水滴韦伯数、熔融铅温度和熔融铅厚度对两者相互作用过程的影响。通过与水-锡实验进行对比，揭示各种实验条件对水滴撞击熔融金属后两者相互作用过程的影响规律。主要结论有：

（1）水-锡和水-铅实验中出现的典型实验现象基本一致。其中，水滴破碎现象和王冠现象的形成的原因和发展过程基本完全相同。不同的是在水-铅实验中的气泡现象中有蒸汽爆炸现象产生，且气泡结构的发展过程中一直伴随着水滴和熔融铅颗粒的溅射。同时，在气泡结构收缩后，作用区域的中心出现射流液柱现象。

（2）水滴的韦伯数、熔融金属的温度及其厚度对两种实验中水滴撞击熔融金属后两者相互作用过程的影响基本相同。水滴与熔融金属相互作用中蒸汽爆炸的剧烈程度随着水滴韦伯数和熔融金属温度增大而增强，但随着熔融金属厚度的增加会呈现先减小后稳定的趋势。

（3）由于熔融铅比熔融锡的密度要大得多，故水滴与熔融铅相互作用过程中王冠的最大高度和水滴与熔融锡相互作用过程中王冠的最大高度相比明显更小。

参 考 文 献

[1] Lin D, Wang C J, Chen B, et al. Effect of the oxidation surface on dynamic behavior of water droplet impacting on the molten tin [J]. European Journal of Mechanics-B/Fluids, 2019, 77：25~31.

[2] Wang C X, Wang C J, Chen B, et al. Comparative study of water droplet interactions with molten lead and tin [J]. European Journal of Mechanics-B/Fluids, 2020, 80：157~166.

[3] 林栋. 水滴撞击低熔点熔融金属动力学特性研究 [D]. 合肥：合肥工业大学, 2019.

[4] Xu M J, Wang C J, Lu S X, et al. Water droplet impacting on burning or unburned liquid pool [J]. Experimental Thermal and Fluid Science, 2017, 85：313~321.

[5] Zhou Y, Lin M, Zhong M J, et al. Molten metal and water direct contact interaction research-I. Photographic experiment study [J]. Annals of Nuclear Energy, 2014, 70：248~255.

[6] Furuya M, Arai T. Effect of surface property of molten metal pools on triggering of vapor

explosions in water droplet impingement [J]. International Journal of Heat and Mass Transfer, 2008, 51 (17~18): 4439~4446.

[7] Wang Z G, Wang X S, Zhu P, et al. Experimental study on the vapor explosion process of a water drop impact upon hot molten-ghee surface [J]. Journal of Loss Prevention in the Process Industries, 2017, 49: 839~844.

[8] 沈正祥, 吕中杰, 仝毅, 等. 高温铝液与水混合过程热力学特性分析 [J]. 材料工程, 2011, 10: 19~22.

[9] 赵旭东, 吕中杰, 辛琦, 等. 熔融铝液遇水爆炸极限分析 [J]. 北京理工大学学报, 2013, 33 (2): 127~130.

[10] Xu M J, Li C H, Wu C P, et al. Regimes during single water droplet impacting on hot ethanol surface [J]. International Journal of Heat and Mass Transfer, 2017, 116: 817~824.

[11] Miyazaki K, Morimoto K, Yamamoto O, et al. Thermal Interaction of Water Droplet with Molten Tin [J]. Journal of Nuclear Science and Technology, 1984, 21 (12): 907~918.

[12] Bradley R, Witte L. Explosive interaction of molten metals injected into water [J]. Nuclear Science and Engineering, 1972, 48 (4): 387~396.

[13] 张荣金, 李延凯, 周源, 等. 水滴与液态金属锡相互作用实验研究 [J]. 核科学与工程, 2015, 35 (3): 568~573.

[14] Shoji M, Takagi N. Thermal Interaction when a Cold Volatile Liquid Droplet Impinges on a Hot Liquid Surface [J]. Bulletin of JSME, 1986, 29 (250): 1183~1187.

[15] 张政铭. 水与高温熔融金属相互作用过程中接触特性研究 [D]. 上海: 上海交通大学, 2014.

[16] Brandes E A, Brook G B. Smithells Metals Reference Book [M]. Oxford: Butterworth-Heinemann, 1992.

[17] Kim B, Corradini M L. Modeling of Small-Scale Single Droplet Fuel/Coolant Interactions [J]. Nuclear Science and Engineering, 1988, 98 (1): 16~28.

[18] Żyszkowski W. On the transplosion phenomenon and the Leidenfrost temperature for the molten copper-water thermal interaction [J]. International Journal of Heat and Mass Transfer, 1976, 19 (6): 625~633.

7 熔融铜撞击水面碎化行为

<<<<<<<<<<<<<<<<<<<<<<<<<<<<<<<<<<<<<<<<<<<<<<<<<<<<<<<<<<<<<<<<<<

7.1 实验装置与实验方案介绍

7.1.1 实验装置介绍

7.1.1.1 实验装置系统设计

实验装置系统由高温熔融金属中频炉、反应容器、高速摄像系统和瞬态压力测量系统组成，总的实验装置如图 7-1（a）所示[1]，实物图如图 7-1（b）所示。

高温熔融金属中频炉将金属材料加热到熔融状态，通过控制箱控制石墨棒的提升，使得熔融金属下落到反应容器中。高速摄像系统主要用来记录熔融金属与水相互作用的过程。瞬态压力测量系统用来记录实验过程中的动态压力。

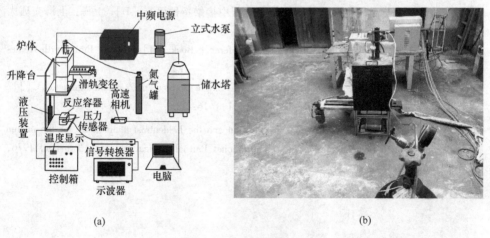

图 7-1　实验装置图
（a）示意图；（b）实物图

7.1.1.2 高温中频炉

高温熔融金属中频炉的作用是将金属融化，这是进行实验的前提，通过不同的加热功率，可以得到不同温度的熔融金属。本章中实验工况包括熔融金属的下落高度、直径（坩埚出流口直径分别为 30mm、40mm、50mm）、质量以及温度（1200～1800℃）。图 7-2（a）展示了高温熔融金属中频炉的结构，图 7-2（b）为实物图。

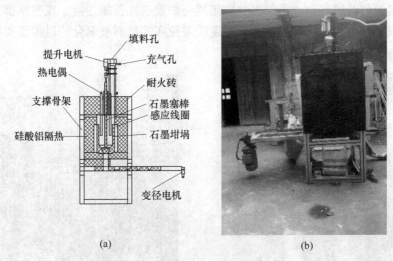

图 7-2 炉体装置

（a）示意图；（b）实物图

在中频炉炉体内有一石墨坩埚。坩埚的底部开有直径为 50mm 的圆形泄漏口，采用圆台型石墨塞子堵住泄漏口，该塞子顶部直径 62mm、倾角 10°，这样的设计可有效增加塞子与泄漏口的接触面积，防止液态熔融金属泄漏。塞子上连接一个长石墨棒。两者之间通过螺纹连接，石墨棒与炉体顶部电动推杆相连，可远程控制提升。坩埚圆周壁面外包围有感应线圈，用来加热坩埚，中频炉的总功率为 35kW，最高可以得到温度为 1800℃ 的熔融金属。

（1）实现不同熔融金属下落高度工况的实验装置。该熔融炉提升装置如图 7-3 所示，此装置可将熔融炉体抬高 2m。反应容器放置在熔融炉出料口的正下方，通过操作提升装置使炉子出料口位置抬高，从而改变熔融金属出料口与冷却水面的距离，以此改变熔融金属与冷却水相互作用下落高度工况。

（2）实现不同熔融金属直径工况的实验装置。为了研究不同入水直径的熔融金属液柱对蒸汽爆炸过程的影响，设计了石墨滑轨变径装置，图 7-4 所示为其实物图。通过变径电机驱动螺纹杆，来控制石墨滑轨的移动，当石墨滑轨上不同直径的孔对准坩

图 7-3 高度提升装置

埚泄漏口时，便可实现熔融金属液柱的不同入水直径。

（3）氮气保护。实验过程中使用氮气对炉内金属进行防氧化保护。图7-5所展示的是氮气的进气口，外部氮气密闭罐与炉盖进气管相连接，氮气吹拂后关闭阀门实现氮气气氛保护，可以极大程度的避免实验材料被氧化，以保证实验结果的准确性。

　　　图7-4　石墨滑轨变径装置　　　　　　　　图7-5　氮气保护

7.1.1.3　反应容器

为了便于观察实验现象，反应容器采用有机玻璃黏合而成，放在熔融炉的正下方。其尺寸为：厚10mm，长、宽、高均为20cm。每次实验时水槽内都盛放4000mL纯净水，即水深10cm。拍摄时高速相机放在水箱的一侧，另一侧放置LED光源和滤光板，在水箱内放置一个产物收集板。水箱的一侧开有一个直径10mm的钻孔，将压力传感器旋进孔中，可以检测爆炸的压力波动。水箱的实物如图3-5所示。

7.1.1.4　高速摄像系统

熔融金属与冷却水发生相互作用的时间空间尺度很小，本实验采用高速摄像系统对实验现象进行可视化观测。高速摄像机采用日本NAC公司生产的型号为Memrecam HX-3E数字高速摄像机，机身整体如图3-7所示，该相机具有高分辨率、高感光度，并且最高帧率可达210000Hz/s，为获得清晰的图像信息，本章实验采用1000Hz/s的帧速进行观测记录。该相机的具体参数如表7-1所示。为了可以清晰的放大实验对象的图像信息，本章实验时使用Nikon公司设计生产的50mm焦距镜头，通过电脑将拍摄的视频信息存储在硬盘中，并通过NAC公司开发的软件对图像进行处理，得到熔融金属与冷却水相互作用的视频或图像。

表 7-1 高速摄像机的技术参数

相机特征	参数值
传感器类型	CMOS
满分辨率	2560×1920
拍摄速度	2560×1920@ 2000Hz/s 最高
最短曝光时间	1.1μs
感光度	ISO10000 彩色
相机工作温度	0~40℃
相机存储温度	-10~60℃
重量	5.5kg

拍摄过程中，光线充足时，实验过程图像也会更加清晰。因此本章实验中采用了一个最大功率 1000W 的 LED 光源进行补光，并在光源和实验区域之间设置了滤光板以获得较为均匀柔和的光线。补光灯和滤光板的实物如图 3-8 所示。

7.1.1.5 瞬态压力测量系统

FCI[2]实验过程可能产生较大冲击波超压，这种瞬态压力波传播速度快，爆发时间短，因此实验中选用灵敏度更高的瞬态压力测量系统很关键。本章采用的瞬态压力测量系统主要由三部分组成：瞬态压力传感器、信号适配器和示波器。

本章采用美国 PCB 公司生产的 102B15 压电式压力传感器作为瞬态压力传感器，其体积小，结构简单，工作可靠性强，其具有测量精度高、灵敏度高、测量范围宽的特点，这使之成为动态压力检测中最常用的压力传感器。产品外形如图 3-9 所示，具体技术参数如表 7-2 所示。

表 7-2 压力传感器的技术参数

传感器特征	参数值
量程	0~1379kPa
灵敏度	3.6mV/kPa
低频响应	0.5Hz
共振频率	≥500kHz

经过瞬态压力传感器将压力信号转变为电信号，这种电荷信号比较微弱且不稳定，因此传感器输出的信号必须经过适调，以适应实验要求。信号适调仪主要

包括信号变换器、放大器、滤波器、微分器和积分器等，本书实验中选取美国 PCB 公司生产的 483C40 信号适调仪与压力传感器进行匹配使用，其实物如图 3-10 所示。

本章实验中存储记录装置选用日本 HIOKI 公司生产的型号为 8861-50 的示波器，具备示波和数据记录功能。其具有 20mB/s 的高速采样读取功能，其实物如图 3-11 所示。

7.1.1.6　试验方法

首先将熔融炉放置在升降平台合适高度（根据实验需要调整高度），反应容器内加入冷却水，PCB 瞬态压力传感器安装在水面以下约 2cm 处，将瞬态压力测量装置、高速摄像机系统调试完毕之后，即可记录实验过程以及实验过程中产生的动态压力。

准备阶段，打开中频电源工作总开关、控制箱开关、对瞬态压力测量装置和高速摄像机系统进行调试，确认各设备正常工作。控制电动推杆驱动石墨塞棒下降，石墨塞棒与坩埚底部的出料孔接触并封堵。通过进料管道将金属放入石墨坩埚内，再旋紧关闭密封盖。通过控制箱控制滑轨变径装置选择实验液柱直径，将选择的通孔与下料通道对接。打开氮气保护罐的阀门开关，氮气通过充气接口向炉腔内部充入氮气，排出炉腔内的空气后（沿下方的通孔排出），关闭氮气保护罐阀门开关；打开中频电源箱功率开关，中频电源箱将 380V 交流电整流后变成直流电，再把直流电变为可调节的中频电流，供给由感应线圈里流过的中频交变电流，在感应线圈中产生高密度的磁力线，切割石墨坩埚里盛放的金属材料，在金属中产生很大的涡流，利用电磁感应原理加热金属成熔融状态。实时观察控制箱上的温度显示屏，到达实验温度时调低中频电源的功率，炉腔内保温状态。

实验阶段，控制电动推杆驱动石墨塞棒提升，熔融铜水通过石墨坩埚底部的出料孔流出，形成一定直径的铜液柱落入下方的反应容器中，与反应容器内的水接触发生反应。瞬态压力测量装置记录熔融铜液柱入水时产生的动态压力，高速摄像机系统记录熔融铜液柱入水时的过程。待反应完全结束后，控制电动推杆驱动石墨塞棒下降，石墨塞棒与坩埚底部接触并封堵；控制蜗轮蜗杆减速机驱动石墨板沿滑轨移动，将下料通道封闭，以待下一次实验操作。

数据整理阶段，将反应容器内残留的反应物取出，可以进一步分析产物尺寸（收集产物、晾干称量、尺寸测量）；结合瞬态压力波形图及高速摄像图像分析结果，进而可以获得高温熔融铜液柱与水反应的压力峰值特征及关键点图像信息，对图像分析得到蒸汽空腔体积[3~5]、液柱形态、撞击过程等有效信息，这些可以用于研究高温熔融铜液柱与水接触反应参数变化规律，对压力峰值特征分析可得到碎化类型对蒸汽爆炸强度的影响，通过计算可以得到蒸汽爆炸中的能量转化率等数据，而这些可以用于分析实际情况中蒸汽爆炸强度以及预测破坏的威力等；对于研究开放/受限环境中高温熔融铜液柱与水接触爆炸过程的关键参数变化规律，建立高温熔融铜液柱与水接触爆炸事故后果预测模型提供参考。

7.1.2 实验方案设计

7.1.2.1 500g 以下尺度熔融铜液柱与冷却水相互作用

此节设计实验将以研究高温熔融金属 FCI 为主要目的，对 500g 以下熔融铜液柱与冷却水相互作用进行实验研究，该尺度实验特点是容易研究机理现象和碎化规律，蒸汽爆炸尺度较小，具有研究价值的同时危险性较低，实验场景可控。

（1）不同熔融铜液柱温度实验。通过改变加热装置的功率，来控制熔融铜液柱的温度，当控制面板显示的炉内温度达到实验温度时，开始实验。表 7-3 为熔融铜液柱温度的实验参数设置，每组实验至少重复 3 次。

表 7-3　500g 以下尺度中不同熔融铜温度的参数设置

实验编号	1	2	3	4	5
温度/℃	1200	1300	1400	1500	1600
质量/g	200	200	200	200	200
高度/cm	50	50	50	50	50
直径/mm	30	30	30	30	30

（2）不同熔融铜液柱质量实验。通过改变初始加入金属块的块数来改变下落熔融铜液柱的质量，每块熔融铜质量为 50g，质量误差为±1g。表 7-4 为熔融铜液柱质量的实验参数设置，每组实验至少重复 3 次。

表 7-4　500g 以下尺度中不同金属质量的参数设置

实验编号	1	2	3	4	5
温度/℃	1300	1300	1300	1300	1300
质量/g	100	200	300	400	500
高度/cm	50	50	50	50	50
直径/mm	30	30	30	30	30

（3）不同熔融铜液柱下落高度实验。通过改变提升装置的液压升降旋钮来控制熔融炉出流口与水面的距离，当出流口位置到达实验高度时，开始实验。表 7-5 为熔融铜液柱下落高度的实验参数设置，每组实验至少重复 3 次。

表 7-5　500g 以下尺度中不同金属下落高度的参数设置

实验编号	1	2	3	4	5
温度/℃	1500	1500	1500	1500	1500
质量/g	400	400	400	400	400
高度/cm	50	70	90	110	130
直径/mm	40	40	40	40	40

（4）不同熔融铜液柱直径实验。通过控制台直径旋钮来控制石墨变径装置以得到不同出流熔融铜液柱直径。表 7-6 为熔融铜液柱直径的实验参数设置，每组实验至少重复 3 次。

表 7-6　500g 以下尺度中不同金属直径的参数设置

实验编号	1	2	3
温度/℃	1200	1200	1200
质量/g	400	400	400
高度/cm	50	50	50
直径/mm	30	40	50

7.1.2.2　1000g 以上尺度熔融铜液柱与冷却水相互作用

此节设计实验将以研究中等质量熔融金属 FCI 为主要目的，对 1000g 以上熔融铜液柱与冷却水相互作用进行实验研究，该尺度实验特点是容易研究实际事故情况中，蒸汽爆炸对人身安全的影响，具有科学研究价值，试验场景进行远程操作，以保证研究人员安全。

（1）不同熔融铜液柱温度实验。通过改变加热装置的功率，来控制熔融铜液柱的温度，当控制面板显示的炉内温度达到试验温度时，开始实验。表 7-7 为熔融铜液柱温度的实验参数设置，每组实验至少重复 1 次。

表 7-7　1000g 以上尺度中不同金属温度的参数设置

实验编号	1	2	3	4	5
温度/℃	1200	1300	1400	1500	1600
质量/g	2000	2000	2000	2000	2000
高度/cm	90	90	90	90	90
直径/mm	30	30	30	30	30

（2）不同熔融铜液柱质量实验。通过改变初始加入金属块的块数来改变下落熔融铜液柱的质量，每块熔融铜质量为 50g，质量误差为±1g。表 7-8 为熔融金

属液柱温度的实验参数设置，每组实验至少重复 1 次。

表 7-8 1000g 以上尺度中不同金属质量的参数设置

实验编号	1	2	3	4	5
温度/℃	1300	1300	1300	1300	1300
质量/g	1000	2000	3000	4000	5000
高度/cm	50	50	50	50	50
直径/mm	30	30	30	30	30

（3）不同熔融铜液柱下落高度实验。通过改变提升装置的液压升降旋钮来控制熔融炉出流口与水面的距离，当出流口位置到达实验高度时，开始实验。表7-9 为熔融铜液柱高度的实验参数设置，每组实验至少重复 1 次。

表 7-9 1000g 以上尺度中不同金属下落高度的参数设置

实验编号	1	2	3	4	5
温度/℃	1500	1500	1500	1500	1500
质量/g	2000	2000	2000	2000	2000
高度/cm	50	70	90	110	130
直径/mm	30	30	30	30	30

（4）不同熔融铜液柱直径实验。通过控制台直径旋钮来控制石墨变径装置以得到不同出流熔融铜液柱直径。表 7-10 为熔融铜液柱直径的实验参数设置，每组实验至少重复 1 次。

表 7-10 1000g 以上尺度中不同金属直径的参数设置

实验编号	1	2	3
温度/℃	1500	1500	1500
质量/g	2000	2000	2000
高度/cm	70	70	70
直径/mm	30	40	50

7.1.3 实验材料

实验研究所选金属为纯度系数为 99.99%的高纯铜，冷却水温度为 20℃。实验材料的物理性质如表 7-11 所示。

表 7-11 试验材料物性表

物理参数	铜	水
熔点/℃	1083	0
沸点/℃	2562	100

物理参数	铜	水
导热系数/W·m⁻¹·K⁻¹	165.6	0.599
密度/g·cm⁻³	8.801	1
比热容/J·g⁻¹·K⁻¹	0.495	4.2
黏度/m·Pa·s	0.302	1.005
表面张力/mN·m⁻¹	1284.87	72.75

7.2　熔融铜液柱与水相互作用普遍现象研究

7.2.1　500g 以下尺度熔融铜液柱与冷却水相互作用

7.2.1.1　熔融金属液柱温度的影响研究

本研究为了考虑熔融铜液柱温度对实验结果的影响，设计并进行了一系列实验。实验中的铜的质量为 200g，纯度为 99.99%，温度参数设置分别为 1200℃、1300℃、1400℃、1500℃和 1600℃。

其他试验参数设置分别是金属出流口与水面距离 50cm，石墨变径装置口径控制为 30mm。实验采用高速摄像系统记录实验过程，用瞬态压力测量装置测量并记录瞬态压力数据。

A　实验序列图片

对不同温度参数的实验现象观察发现，随着熔融铜温度的升高，熔融铜液柱在下落过程中更加聚集，水下碎化现象[5]逐渐不明显。图 7-6 为不同温度下熔融铜液柱与冷却水反应的实验序列图像，从图中可以看到，熔融铜液柱进入冷却水后，铜液柱周围立刻产生了蒸汽空腔将其包围，随着入水深度增加蒸汽空腔体积不断变化，液柱也会产生变形甚至发生部分碎化。图 7-6（a）可以看到，随着铜液柱落入水中，液柱端部立刻发生了膨胀碎化，但是随着下落时间的变化，液柱并未产生更剧烈的碎化反应，在此期间，蒸汽空腔也不断变化。图 7-6（b）可以看到，由于熔融铜液柱温度较低，所以其黏性较强[6]，铜液柱在下落过程发生断裂。入水过程中碎化反应的程度降低且在撞击反应容器底部后发生了一些碎化，但是却因为实验温度比图 7-6（a）的实验温度高所以形成的蒸汽空腔也更大。随着熔融铜液柱温度的升高，在图 7-6（c）中可以看出：1400℃时金属颜色发生变化，下落过程所形成的最大空腔体积是五组实验中最大的，熔融铜呈现团状下落姿态，实验过程没有发生碎化。图 7-6（d）可以看到，1500℃的熔融铜液柱连续性极好，未发生碎化反应。图 7-6（e）中，熔融铜液柱颜色炽白，流动性强，入水后立即形成蒸汽空腔，即使在撞击反应容器底部后也未发生任何碎化现象。

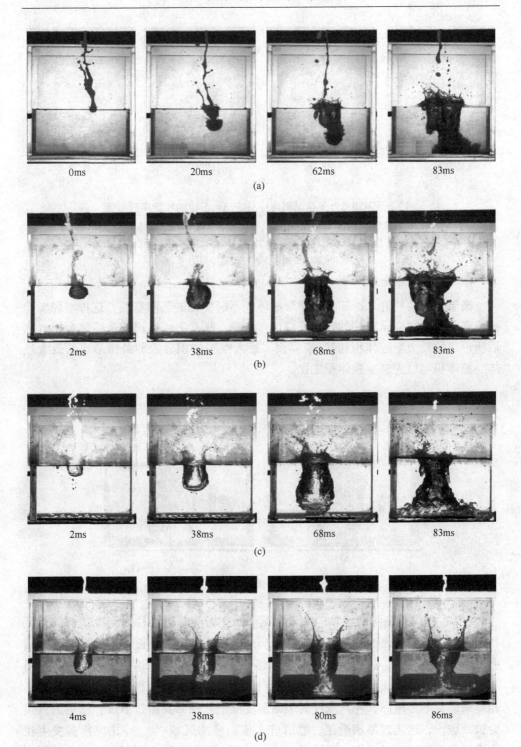

0ms   20ms   62ms   83ms

(a)

2ms   38ms   68ms   83ms

(b)

2ms   38ms   68ms   83ms

(c)

4ms   38ms   80ms   86ms

(d)

2ms　　　　　　38ms　　　　　　68ms　　　　　　83ms

(e)

图 7-6　不同温度下熔融铜液柱与冷却水反应的实验序列图像

（a）1200℃熔融铜液柱反应序列图像；（b）1300℃熔融铜液柱反应序列图像；
（c）1400℃熔融铜液柱反应序列图像；（d）1500℃熔融铜液柱反应序列图像；
（e）1600℃熔融铜液柱反应序列图像

B　最大空腔体积分数

高温金属液柱进入冷却水后会形成体积不断变化的蒸汽空腔，这种空腔影响换热系数从而对金属液柱的碎化反应产生影响。图 7-7 线标识的是熔融金属入水后所形成的最大空腔体积和气-液界面。最大空腔体积分数即是指形成的最大气体空腔体积与最大总空腔体积之比。

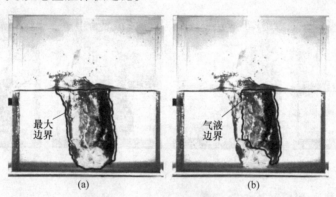

图 7-7　蒸汽空腔

　　FCI 过程中膜态沸腾换热[7]非常常见。如在熔融金属液柱遇到冷却剂的相互作用过程中，金属表面温度不仅远高于当地冷却剂的饱和温度，而且远高于莱顿弗罗斯特温度点[8]。这时，其表面会形成一层稳定的汽膜，这层汽膜会阻碍金属与冷却水的接触表面的换热。因此，在稳定膜态沸腾区域，高温液柱的传热效果相对来说并不是很好。一旦液柱的表面温度低于莱顿弗罗斯特温度，稳定的汽膜会被冲破[9]，进入过渡沸腾区，然后进入核态沸腾区域[10]。碎化现象多发生在汽膜冲破后的较短时间内，因此可以这么说明：蒸汽空腔体积越大，碎化概率越小；反之，蒸汽空腔体积越小，碎化概率越大。因此蒸汽空腔体积可作为研究影响碎化反应传热效率及汽膜塌陷的重要参数。

从图中可以看到，在熔融铜液柱下落过程中铜液柱均被稳定汽膜包裹，通过膜态沸腾换热。基于对金属表面的汽膜体积随时间发生的变化观察，可以测量得到的蒸汽空腔体积分数随时间发生的变化关系如图7-8所示。在图中可以看到，蒸汽空腔体积随着熔融铜液柱入水逐渐增大，当熔融铜液柱触底后蒸汽空腔达到最大体积，此时金属周围的汽膜厚度为极大值，对金属与冷却水发生相互作用有最大的阻碍作用，针对探讨不同实验工况对最大空腔体积分数的参数影响可以间接得出实验工况对熔融金属液柱与冷却水发生相互作用的影响程度，进而探讨高温熔融金属与冷却水相互作用机理。

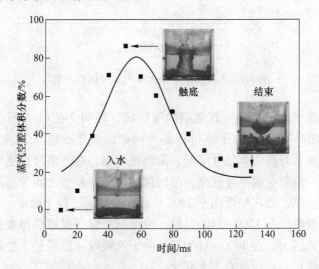

图 7-8　蒸汽空腔体积分数变化曲线

图7-8所展示的是1300℃熔融铜液柱进入冷却水后形成的蒸汽空腔体积分数随着时间变化的曲线示例。从图中可以看出，熔融铜液柱下落过程中蒸汽生成量不断增加，在0.04~0.06s间达到最大值。之后随着熔融铜液柱表面过热度降低以及气液界面不断换热使得蒸汽冷凝体积逐渐减少。

蒸汽空腔的体积与金属的温度、直径、质量以及下落形态有关，为更准确表达实验规律，根据不同实验参数对实验数据进行统计，制成最大空腔体积百分数对比图如图7-9所示。熔融铜液柱表面的最大空腔体积分数随着铜液柱温度升高逐渐增大，在温度为1400℃时达到最大值，温度继续升高时最大空腔体积分数呈现稳定趋势。

通过观察熔融铜液柱入水时的直径发现，熔融铜温度较低时，液柱整体形态不易保持一体。铜的熔点是1083℃，当铜的温度接近熔点温度如1200℃时，其

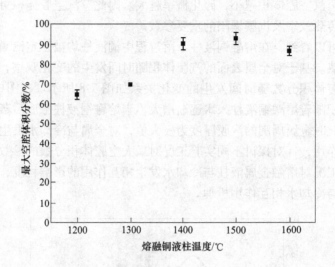

图 7-9　不同温度下最大蒸汽空腔体积分数

流动性减弱，落水过程不能呈现规则的圆柱状。如图 7-6（b）所示，当熔融铜温度为 1300℃ 时，铜液柱在下落过程断为两截，而并不是 200g 金属整体落下。随着熔融铜温度的升高，其黏性降低，流动性增强，在下落过程更容易保持为一体。另一方面，随着金属温度升高，熔融铜液柱与冷却水之间的传热量更多，汽膜厚度也相应变厚，而在温度高于 1400℃ 后汽膜厚度已趋于稳定。

　　因此可以说明，在 1200~1400℃ 时，温度越高熔融铜液柱与水接触形成的最大空腔体积分数越大；在 1400~1600℃，由于汽膜厚度已经趋于稳定，温度升高最大蒸汽空腔体积分数也没有太大变化。

7.2.1.2　熔融金属液柱质量的影响研究

　　本研究为了考虑熔融铜液柱质量对实验结果的影响，设计并进行了一系列实验。实验采用的金属为纯度为 99.99% 的铜块，选取 1300℃ 作为该系列实验的温度。金属铜的质量分别为 100g、200g、300g、400g 和 500g。

　　其他实验参数设置分别是金属出流口与水面距离 50cm，石墨变径装置口径控制为 30mm。实验采用高速摄像系统记录实验过程，用瞬态压力测量装置测量并记录瞬态压力数据。

　　A　实验序列图片

　　图 7-10 展示为 1300℃ 温度下，不同质量下熔融铜液柱与冷却水反应的实验序列图像，从图中可以看到，100g 熔融铜液柱入水时由于质量过小无法形成连续液柱，从出流口下落的过程中出现断裂，分裂为若干小块金属落入水中。并且

分裂后的小块金属入水时，金属块的前端出现少量金属碎化现象，与容器底部接触碰撞也表现出碎化特征。

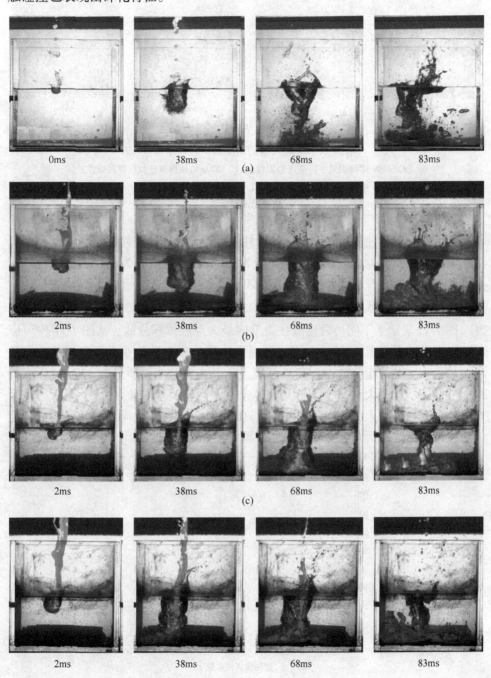

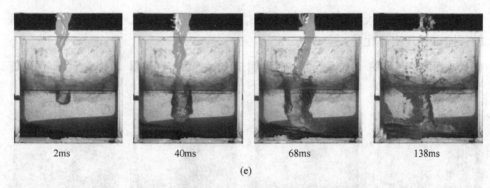

2ms　　　　　　40ms　　　　　　68ms　　　　　　138ms

(e)

图 7-10　不同质量的熔融铜液柱与水反应
（a）100g 熔融铜液柱反应序列图像；（b）200g 熔融铜液柱反应序列图像；
（c）300g 熔融铜液柱反应序列图像；（d）400g 熔融铜液柱反应序列图像；
（e）500g 熔融铜液柱反应序列图像

随着熔融铜液柱质量不断增加，液柱入水长度增加，连续性增强。但是由于液柱温度参数及其他参数相同，除质量为 100g 实验组产物为小块金属团外，其余实验产物也都表现出团状黏结，区别不大。

B　最大空腔体积分数

图 7-11 显示了不同熔融铜液柱质量的最大空腔体积分数。从图 7-11 中可以看到，实验金属质量为 100g 时形成的最大空腔体积分数最小，随着实验金属质量增加最大空腔体积分数增大到 80% 以上。其中实验金属质量为 300g 时形成的最大空腔体积比最大约 90%。但是整体来看，当实验金属质量大于 200g 后最大空腔体积分数没有大的改变。因此可以这样认为：当提高熔融金属质量形成稳定的液柱形态后，最大空腔体积分数便不再发生变化。

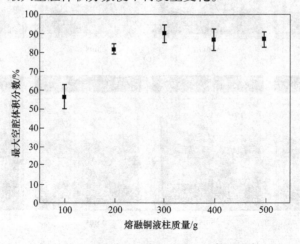

图 7-11　不同质量下最大蒸汽空腔体积分数

7.2.1.3 熔融金属液柱下落高度的影响研究

本研究为了考虑熔融铜液柱下落高度对实验结果的影响，设计并进行了一系列实验。实验采用的金属纯度为99.99%的铜块，选用熔融金属液柱质量为400g。金属出流口与水面距离50cm、70cm、90cm、110cm和130cm。

其他试验参数设置分别是，石墨变径装置口径控制为40mm。温度参数设置为1500℃，实验采用高速摄像系统记录实验过程，用瞬态压力测量装置测量并记录瞬态压力数据。

A 实验序列图片

对不同熔融铜液柱下落高度参数的实验现象观察发现，随着熔融铜液柱下落高度的增加，熔融铜液柱在容器底部撞击产生的颗粒反射半径越大。图7-12为不同下落高度熔融金属与冷却水反应的实验序列图像，从图中可以看到，熔融铜液柱与冷却水的实验在110cm高度以下时，表现为熔融铜落入冷却水中撞击反应容器底部反射高度的不同（直线表示金属反射高度）。液柱下落高度在50cm和70cm时金属液柱撞击底部后反射高度很小，而当下落高度增加到90cm以上后，颗粒反射高度增加了很多。另一方面，当熔融铜液柱下落高度增大到110cm以上时，液柱的连续性下降，下落过程呈现断断续续的状态，不能连续呈条状下落。当熔融铜液柱下落高度增加到130cm时，液柱落入冷却水中就发生了明显的蒸汽爆炸反应，随着铜液柱继续下落撞击反应容器底部，蒸汽爆炸更加剧烈并且从容器底部产生的反射冲击波向上传播冲出容器口，向外界继续释放压力波。

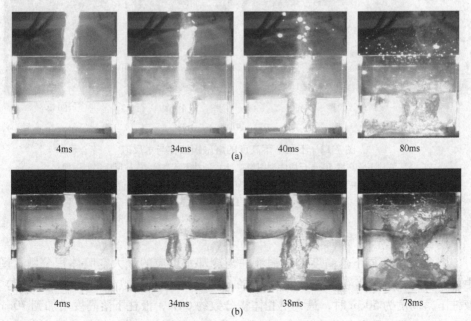

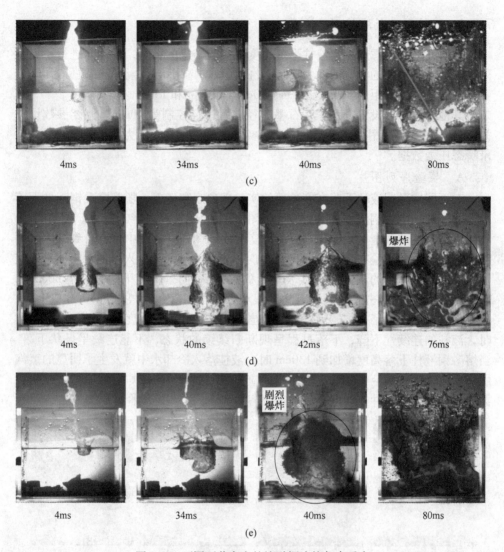

图 7-12　不同下落高度的熔融铜液柱与水反应

（a）液柱下落高度 50cm 反应序列图像；（b）液柱下落高度 70cm 反应序列图像；
（c）液柱下落高度 90cm 反应序列图像；（d）液柱下落高度 110cm 反应序列图像；
（e）液柱下落高度 130cm 反应序列图像

B　最大空腔体积分数

　　图 7-13 为不同下落高度熔融铜液柱与冷却水反应的最大空腔体积分数，图中可以看到，熔融铜液柱与冷却水反应的最大空腔体积分数整体呈现下降趋势。液柱下落高度为 50cm 时，最大空腔体积分数约 60%，液柱下落高度增加到 70cm 时，最大空腔体积分数略有提升。但是随着液柱下落高度继续增加，最大空腔体

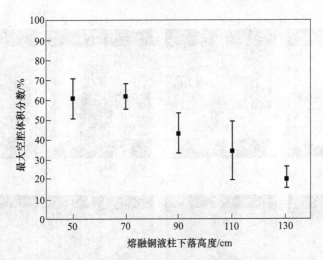

图 7-13 不同高度下最大蒸汽空腔体积分数

积分数却不断下降。这是由这样的原因形成的：随着液柱下落高度增加，液柱接触冷却水时与冷却水的相对速度增大，熔融铜液柱与冷却水接触时间减少，传热时间减少，汽膜厚度随之变薄；另一方面，液柱在空气中下落时间增长，液柱形态可能发生变化形成阻力更小的流线型结构，液柱与冷却水之间的摩擦力减小，熔融铜液柱撞击形成的空腔也随之变小，这一系列原因导致最大空腔体积分数呈现下降趋势。

7.2.1.4 熔融金属液柱直径的影响研究

本研究为了考虑熔融金属铜液柱质量对实验结果的影响，设计并进行了一系列实验。实验采用的金属纯度为99.99%的铜块，温度参数设置为1200℃。选用熔融金属液柱质量为400g。石墨变径装置口径控制为30mm、40mm、50mm。

其他试验参数设置分别是金属出流口与水面距离50cm，实验采用高速摄像系统记录实验过程，用瞬态压力测量装置测量并记录瞬态压力数据。

A 实验序列图片

对不同熔融金属液柱直径参数的实验现象观察发现，随着熔融铜液柱下落直径的增大，铜液柱与冷却水在容器底部撞击产生的碎化颗粒变少，成团流动的情况变多。图7-14为不同下落直径熔融铜液柱与冷却水反应的实验序列图像，从图中可以看到，熔融铜液柱直径增大，液柱长度变短，撞击冷却水形成的空腔体积变小。从图7-14（a）中可以看到，熔融铜液柱进入冷却水中后形成较小的空腔，撞击反应容器底部发生了部分碎化反应。而在图7-14（b）中，液柱下落直径增大，形成的空腔体积增大，撞击反应容器发生少量碎化反应，铜液柱的大部

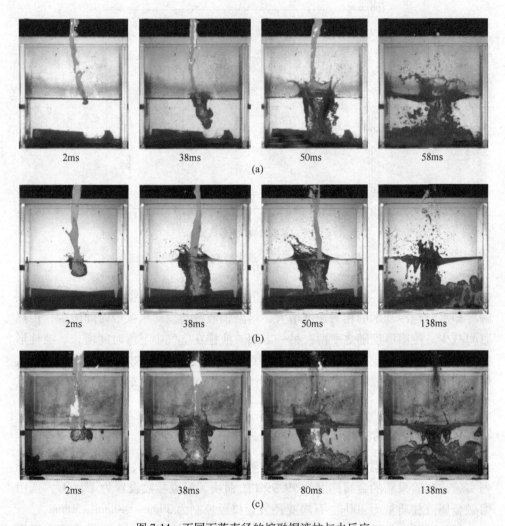

图 7-14　不同下落直径的熔融铜液柱与水反应
(a) 熔融铜液柱下落直径 30mm 反应序列图像；(b) 熔融铜液柱下落直径 40mm 反应序列图像；
(c) 熔融铜液柱下落直径 50mm 反应序列图像

分仍表现为一个整体。当熔融铜液柱直径增大到 50mm 后，如图 7-14（c）所示，液柱撞击冷却水形成的空腔体积更大，撞击反应容器却没有发生任何碎化反应，所有熔融铜表现为一个整体的流动和凝固。

　　B　最大空腔体积分数

　　图 7-15 为不同下落直径的熔融铜液柱与冷却水相互作用的最大空腔体积分数，从图中可以看到，熔融铜液柱直径也可以影响最大空腔体积。熔融铜液柱下落直径为 30mm 时，最大空腔体积分数约 80%。液柱下落直径增大到 40mm，最

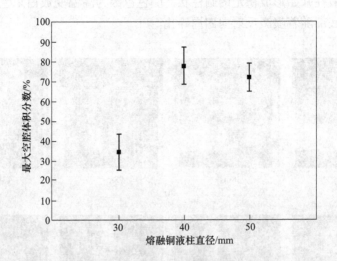

图 7-15 不同直径下最大蒸汽空腔体积分数

大空腔体积分数也会增加。就整体来看，熔融铜液柱直径增加，最大空腔体积分数有所增大。这是由于这样的原因形成的：熔融铜液柱直径较小时，金属撞击冷却水的动能和端部阻力也会较小，空腔体积也就较小。

7.2.2 1000g 以上尺度熔融铜液柱与冷却水相互作用

7.2.2.1 熔融金属液柱温度的影响研究

本研究为了考虑熔融金属铜液柱温度对实验结果的影响，设计并进行了一系列实验。实验采用纯度为 99.99% 的铜块，质量为 2000g 温度参数设置分别为 1200℃、1300℃、1400℃、1500℃和 1600℃。

其他试验参数设置分别是金属出流口与水面距离 90cm，石墨变径装置口径控制为 30mm。实验采用高速摄像系统记录实验过程，用瞬态压力测量装置测量并记录瞬态压力数据。

A 实验序列图片

1000g 以上尺度熔融铜与冷却水的实验中，熔融铜温度参数的变化主要影响液柱的连续性和直径，当温度升高时，直径增大的液柱落入冷却水中，在容器底部激起金属水花，高温铜释放的热量分解有机玻璃容器引燃水面（有机玻璃 PMMA 燃烧）。如图 7-16（a）为 1200℃温度下熔融铜液柱与冷却水的实验现象，图中熔融铜液柱在下落过程中，由于黏性大流动阻力更大，因此直径变小断裂成一连串金属液珠，这一连串液珠撞击冷却水形成蒸汽空腔。最后撞击反应容器底部形成金属水花向反应容器四周喷溅。随着熔融铜液柱温度升高，铜的黏性下

降，熔融铜液柱开始形成稳定的圆柱状，颜色也因为高温变成白炽色。铜液柱撞
击反应容器底部随着喷溅反射向四周碎化。

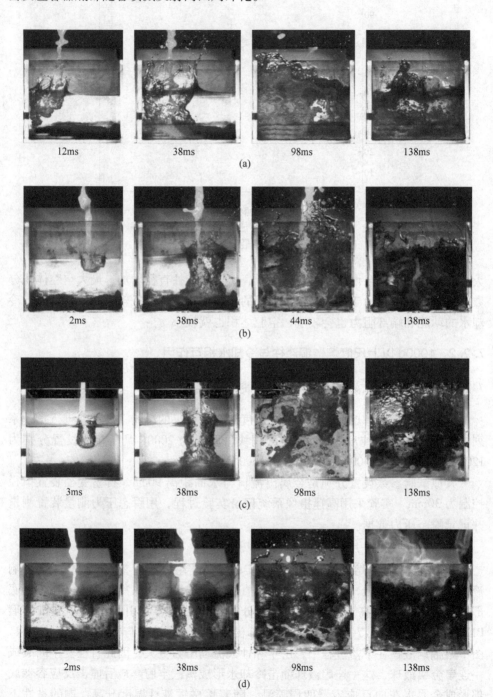

4ms　　　　　　38ms　　　　　　100ms　　　　　　138ms

黄绿色火焰

(e)

图 7-16　不同温度下熔融铜液柱与冷却水反应的实验序列图像
（a）1200℃熔融铜液柱反应序列图像；（b）1300℃熔融铜液柱反应序列图像；
（c）1400℃熔融铜液柱反应序列图像；（d）1500℃熔融铜液柱反应序列图像；
（e）1600℃熔融铜液柱反应序列图像

B　最大空腔体积分数

图 7-17 为不同下落温度的熔融铜液柱与冷却水相互作用的最大空腔体积分数，从图中可以看到，在 1200～1400℃ 温度范围，随着熔融铜液柱温度的升高，最大空腔体积分数逐渐增大，当温度达到 1600℃ 时，最大空腔体积分数突然下降。这是由于在 1200～1400℃ 温度范围，随着熔融铜液柱温度的升高，液柱携带更多热量，其与冷却水接触时冷却水更容易气化形成空腔。当温度达到 1600℃ 后，铜的黏性进一步降低液柱直径增大，金属在空腔内占据更大的百分比，与此相对生成的气体空腔只在金属液柱周围存在，因此在 1600℃ 时，最大空腔体积分数反而略微下降。

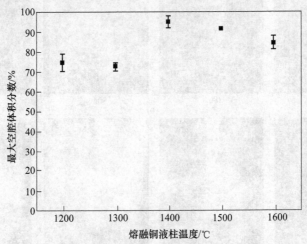

图 7-17　不同温度下最大蒸汽空腔体积分数

7.2.2.2　熔融金属液柱质量的影响研究

本研究为了考虑熔融金属铜液柱质量对实验结果的影响，设计并进行了一系列实验。实验采用的金属纯度为 99.99% 的铜块，温度参数设置为 1300℃。选用熔融金属液柱质量分别为 1000g、2000g、3000g、4000g 和 5000g。

其他试验参数设置分别是金属出流口与水面距离 50cm，石墨变径装置口径控制为 30mm。实验采用高速摄像系统记录实验过程，用瞬态压力测量装置测量并记录瞬态压力数据。

A　实验序列图片

图 7-18 展示为 1300℃ 温度下，不同质量下大尺度熔融铜液柱与冷却水反应的实验序列图像，从图中可以看到，随着熔融铜液柱质量的增大，液柱进入冷却水后激起更大的金属水花，金属水花从反应容器中喷溅出来。从图 7-18（a）中可以看出，对比中尺度实验，大尺度熔融金属实验由于实验金属质量增加，从熔

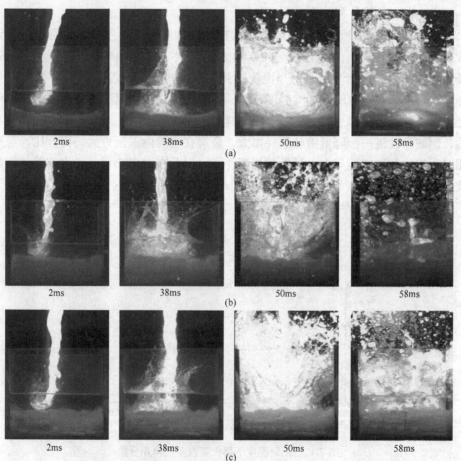

　　2ms　　　　　　　　38ms　　　　　　　　50ms　　　　　　　　58ms
(a)

　　2ms　　　　　　　　38ms　　　　　　　　50ms　　　　　　　　58ms
(b)

　　2ms　　　　　　　　38ms　　　　　　　　50ms　　　　　　　　58ms
(c)

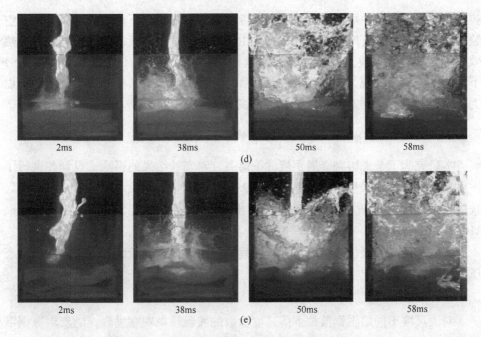

图7-18　不同质量的熔融铜液柱与水反应

（a）1000g熔融铜液柱反应序列图像；（b）2000g熔融铜液柱反应序列图像；

（c）3000g熔融铜液柱反应序列图像；（d）4000g熔融铜液柱反应序列图像；

（e）5000g熔融铜液柱反应序列图像

融炉出流口后动能增大，撞击容器底部后形成更大的反射金属流。

B　最大空腔体积分数

图7-19展示的是不同质量下大尺度熔融铜液柱与冷却水相互作用的最大空

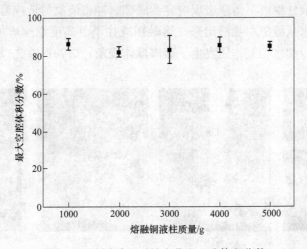

图7-19　不同质量下最大蒸汽空腔体积分数

腔体积分数。从图中可以看到，对大尺度熔融金属来说，下落质量增大，最大空腔体积分数并不会有明显的增大。这是由于质量的增大对液柱前端的直径和传热效率等因素并没有较大影响。熔融铜液柱质量的变化，在低质量（500g 以下）下的相互作用里表现为液柱连续性及实际下落直径的变化，在高质量（1000g 以上）下的相互作用里表现为液柱长度的变化。

7.2.2.3　熔融金属液柱下落高度的影响研究

本研究为了考虑熔融金属铜液柱下落高度对实验结果的影响，设计并进行了一系列实验。实验采用的金属纯度为 99.99% 的铜块，温度参数设置为 1500℃。选用熔融金属液柱质量为 2000g。金属出流口与水面距离 50cm、70cm、90cm、110cm 和 130cm。

实验采用高速摄像系统记录实验过程，用瞬态压力测量装置测量并记录瞬态压力数据。

A　实验序列图片

对大尺度不同熔融铜液柱下落高度参数的实验现象观察发现，随着熔融铜液柱下落高度的增加，铜液柱的直径变小，液柱前端的部分金属呈现液滴状下落，液柱在容器中反应产生的冲击更大。

图 7-20 为不同下落高度熔融铜与冷却水反应的实验序列图像，从图中可以看到，熔融铜液柱与冷却水的实验在 110cm 高度以下时，表现为熔融铜液柱下落直径变小，这是由于熔融铜液柱在空中下落受到重力加速度影响，前段金属下落速度更大，与后段金属形成了速度差，这导致液柱在空中就碎裂成连续金属液滴。当熔融铜液柱下落高度增加到 110cm 时，液柱落入冷却水中后产生了碎化冲击波，随着铜液柱继续下落撞击反应容器底部，冲击波反射造成容器接缝处产生了裂痕，冷却水从缝隙中喷溅出来。熔融铜液柱下落高度继续增加到 130cm 后，熔融铜液柱与冷却水相互作用发生了蒸汽爆炸现象：熔融铜首先以连续液滴状落

金属反射

2ms　　　　　　　40ms　　　　　　　50ms　　　　　　　56ms

(a)

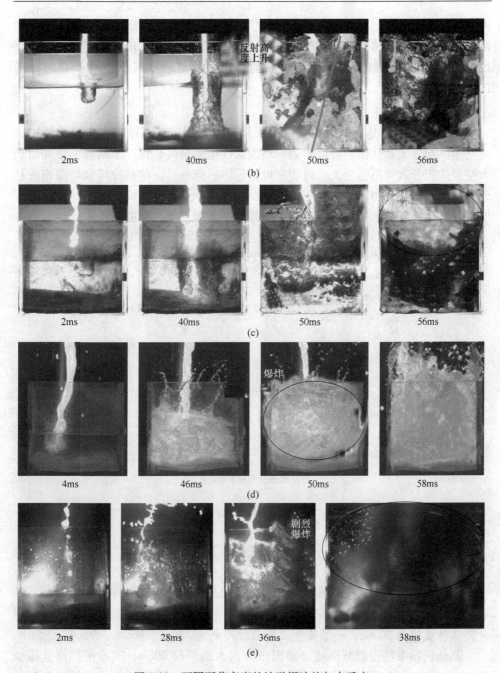

图 7-20 不同下落高度的熔融铜液柱与水反应

（a）熔融铜液柱下落高度 50cm 反应序列图像；（b）熔融铜液柱下落高度 70cm 反应序列图像；

（c）熔融铜液柱下落高度 90cm 反应序列图像；（d）熔融铜液柱下落高度 110cm 反应序列图像；

（e）熔融铜液柱下落高度 130cm 反应序列图像

入冷却水中造成熔融铜与冷却水的混合状态，接下来的金属以柱状继续与冷却水接触，铜液柱以较快的速度和冷却水撞击发生了碎化反应，进一步引发蒸汽爆炸现象，产生的冲击波破坏了 10mm 厚的有机玻璃缸后，携带金属颗粒向四周扩散。

B　最大空腔体积分数

图 7-21 展示的是不同下落高度的大尺度熔融铜液柱与冷却水相互作用的最大空腔体积分数。从图中可以看到，对大尺度熔融金属来说，下落高度增加后最大空腔体积分数并不会增大。可能有以下原因：第一，下落高度增加熔融铜液柱分散成液滴下落，与整体液柱下落相比，空腔体积会有所下降；第二，下落高度增加，液柱与冷却水接触时间减少，传热时间减少，蒸汽空腔减小。

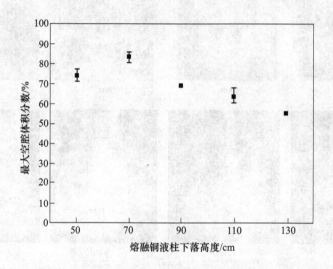

图 7-21　不同高度下最大蒸汽空腔体积分数

7.2.2.4　熔融金属液柱直径的影响研究

本研究为了考虑熔融铜液柱质量对实验结果的影响，设计并进行了一系列实验。实验采用的金属纯度为 99.99% 的铜块，温度参数设置为 1500℃。选用熔融金属液柱质量为 2000g。石墨变径装置口径控制为 30mm、40mm、50mm。

其他试验参数设置分别是金属出流口与水面距离 70cm，实验采用高速摄像系统记录实验过程，用瞬态压力测量装置测量并记录瞬态压力数据，见图 7-22。

A　实验序列图片

对 1000g 以上尺度不同熔融铜液柱直径参数的实验现象观察发现，随着熔融铜液柱下落直径的增加，金属液柱撞击反应容器底部反射产生的金属水花更

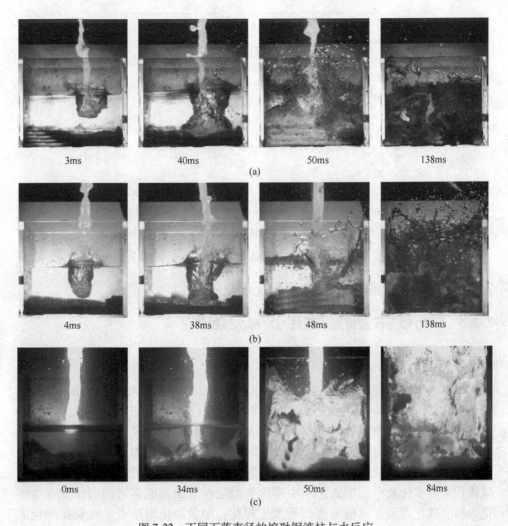

图 7-22 不同下落直径的熔融铜液柱与水反应

(a) 熔融铜液柱下落直径 30mm 反应序列图像；(b) 熔融铜液柱下落直径 40mm 反应序列图像；

(c) 熔融铜液柱下落直径 50mm 反应序列图像

高，容器内被熔融金属、冷却水和蒸汽充满，撞击冷却水形成的空腔体积变小。

B 最大空腔体积分数

图 7-23 为 1000g 以上尺度不同下落直径的熔融铜液柱与冷却水相互作用的最大空腔体积分数，从图中可以看到，最大空腔体积随着直径的增大不断增大。熔融铜液柱下落直径为 40mm 和 50mm 时，最大空腔体积分数达到 90%以上，这里空腔体积增大是因为液柱下落的动能增大，携带的热量也更多。

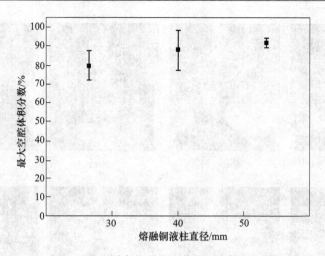

图 7-23　不同直径下最大蒸汽空腔体积分数

7.3　熔融铜液柱与水相互作用碎化现象研究

7.3.1　500g 以下尺度熔融铜液柱与冷却水接触碎化

7.3.1.1　典型现象

根据大量熔融金属铜与水接触的可视化实验，对碎化实验现象的总体结果可分为 4 种类型：即水中初次碎化并触发碎化增殖（WY）、水中初次碎化未触发碎化增殖（WN）、水底初次碎化并触发碎化增殖（BY）、水底初次碎化未触发碎化增殖（BN）。各类型实验结果如图 7-24 所示。分类依据为水中碎化还是水底碎化、是否发生触发碎化增殖。具体来说，发生碎化的判断依据是视频图像中金属体积突然变化及产物形态；水中碎化指的是在水面及底部之间的位置发生碎化，水底碎化表示金属撞击底部后发生碎化；触发碎化增殖表示在初次碎化之后，其他位置出现碎化的情况。

（1）水中初次碎化并触发连续碎化。图 7-24（a）给出了 $T = 1200℃$ 和 $M = 200g$ 的条件下铜液柱与水接触的一系列图像。在较低熔融温度和较小下落质量时，出现了水中初次碎化并触发连续碎化的现象。34ms 时，可以观察到液柱前端的碎化现象，但是这种碎化现象并没有马上向中部铜液柱传播，直到 36ms 中部液柱出现瞬间膨胀碎化，38ms 时，该碎化膨胀发展为很强的冲击波，有机玻璃缸出现裂痕并破裂，金属颗粒和冷却水向外喷溅。另外，32ms 时，还可以观察到液柱周围的气泡，34ms 已经变成气体、水和金属的混合物。从图 7-25（a）中可以看到，在出现碎化增殖现象时，超压可以接近 90kPa，碎化增殖引起的压力是初次碎化引起压力的 4 倍。图 7-26（a）给出了这种反应类型下收集的产物，所有产物铜形态为粒径 5mm 以下的颗粒。

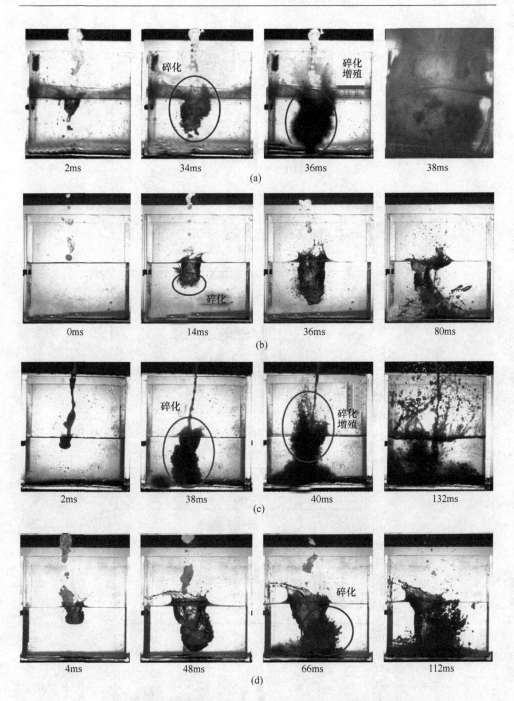

图 7-24　熔融铜液柱落入冷却水中的典型碎化实验现象
（a）水中初次碎化并触发碎化增殖（WY）；（b）水中初次碎化未触发碎化增殖（WN）；
（c）水底初次碎化并触发碎化增殖（BY）；（d）水底初次碎化未触发碎化增殖（BN）

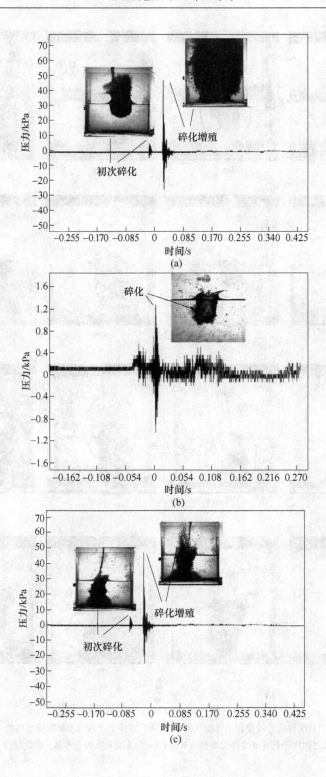

（a）

（b）

（c）

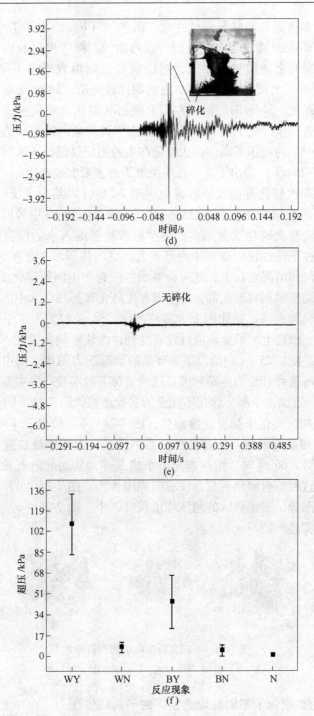

图 7-25 不同实验现象中的压力波形与峰值压力对比[11]

(注：未发生碎化现象（N）)

（2）水中初次碎化未触发连续碎化。图 7-24（b）给出了 $T=1200℃$ 和 $M=$ 100g 的条件下熔融铜液柱与水接触的一系列图像。图中可以看出，同种温度条件下，当熔融铜的金属质量较小时，熔融铜与水接触表现出不同的实验现象。10ms 时，熔融铜与水接触时形成的空泡前端比较光滑，14ms 熔融铜前端部分熔融铜出现碎化现象，36ms 时熔融铜左侧有喷射状碎化现象发生，但后续下落的熔融铜并没有进一步碎化。图 7-25（b）给出了该现象的瞬态压力图像，图中可以看出该现象产生的超压不高，初次碎化产生的超压仅仅比入水时产生的超压高0.86kPa。图 7-26（b）给出了这种反应类型下的主要实验产物。

（3）水底初次碎化并触发连续碎化。图 7-24（c）给出了 $T=1200℃$ 和 $M=$ 400g 的条件下熔融铜液柱与水接触的一系列图像。从 38ms 中可以看到，随着质量的增大，水底初次碎化次数增多。熔融铜液柱前端入水后没有形成太大的空泡，但是在液柱下落过程中冷却水剧烈蒸发，空泡体积增大，在 38ms 形成了金属、冷却水和气体的混合状态，此时金属团并没有产生剧烈碎化反应。40ms 时，熔融铜液柱前端接触到容器底部，并立即发生碎化和膨胀，水中的空泡部分被金属、冷却水和气泡充满。碎化向上方液柱扩张，54ms 时整个水中熔融铜液柱全部碎化。但是，水面上方的金属液柱没有受到冲击波影响，因此，这些熔融铜并没有发生碎化。图 7-25（c）给出了该现象的瞬态压力图像，图中可以看到图像上有两个超压峰值并且压力差距较大。这种情况下的实验产物主要有图 7-26（a）和图 7-26（c）组成，少部分碎化不完全的实验产物如图 7-26（b）所示。

（4）水底初次碎化未触发连续碎化。图 7-24（d）给出了 $T=1200℃$ 和 $M=$ 200g 的条件下熔融铜液柱与水接触的一系列图像。熔融铜液柱前端未接触底部前没有碎化趋势。66ms 时，熔融铜撞击水槽底部，从底部向上发生了喷射碎化现象。但是，这种喷射碎化现象并没有向周围传播。图 7-25（d）给出了该条件下的瞬态压力图像，图像显示的超压峰值仅有一个。图 7-26（d）给出了这种碎化现象的主要实验产物。

图 7-26　不同实验现象中的产物碎片
（a）WY；（b）WN；（c）BY；（d）BN；（e）N

图 7-25（f）展示了不同反应类型下的平均峰值压力。在 WY 和 BY 反应类型的压力峰值远大于 WN 和 BN 反应类型。同时，由于碎化概率和碎化程度具有随机性，压力峰值有很大的波动性，这种波动取决于熔融金属铜液柱的连续性和

下落过程中冷却水对熔融铜液柱的扰动程度。相反，在 WN 和 BN 反应类型下，压力峰值的波动很小。在两种情况下，碎化的幅度较小，压力峰值也会很小，因此，熔融铜液柱的连续性和冷却水的扰动强度对最大超压影响很小。

7.3.1.2 熔融铜液柱温度对接触碎化的影响

图 7-17 不同温度熔融铜液柱坠入水中形成的最大空腔体积对比图可以看到，在 1200~1400℃时，随着熔融金属温度升高，最大空腔体积不断增大。1400~1600℃时，随着熔融金属温度升高，最大空腔体积不断减小，结合实际情况，空腔的形状越来越接近标准圆柱体。这种空腔体积会对熔融铜液柱与水接触碎化概率产生影响，最大空腔体积越大，碎化概率越小；空腔体积越规则，碎化概率越小。

图 7-27 展示了在不同熔融铜液柱温度的条件下，五种实验现象的概率统计图。对于低温熔融铜液柱（$T < 1300℃$），碎化概率更大，这样的结论与Żyszkowski[12, 13]结论相同。在低温（$T < 1300℃$）情况下，最大空腔体积分数，熔融铜液柱与冷却水的直接接触面积更大。并且根据马兰戈尼效应，低温熔融金属的表面张力更大（马兰戈尼效应：熔融金属的表面张力会随着金属温度的降低而增加的现象）。在接近熔点温度情况下，表面张力大，金属表层切向应力更强，当金属与冷却水发生换热温度降低时，熔融铜表面更容易撕裂碎化。特别地，碎化的一个重要因素是当熔融金属铜的温度接近熔点 1083℃时更容易发生快速相变，由于熔融铜的快速相变（即快速冷却期间的凝固），导致液柱发生部分凝固，产生碎化。在这种情况下，熔融铜的温度更容易降低到熔点。熔融铜与水相

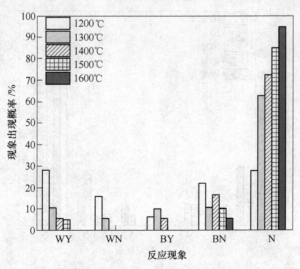

图 7-27 铜液柱温度的影响概率统计

互作用产生的蒸汽量较小，蒸汽膜较薄。在铜液柱下落过程中，由于开尔文-亥姆霍兹[14]不稳定性，蒸汽膜可能在薄弱位置部分坍塌，导致铜液与水直接接触。因此，碎化的可能性显著增加。

图 7-27 显示，随着熔融铜温度的升高，碎化概率逐渐降低。特别地，对于高温熔融金属铜液柱（$T = 1600℃$），在所有实验中均不存在碎化反应现象。在此类实验中，熔融铜液柱落入冷却水中不会产生任何超压或碎化。原因是熔融金属铜液柱和冷却水之间的热传递剧烈，因此产生大量蒸汽。最大空腔体积分数虽减小，但空腔的形状趋近标准圆柱状，熔融金属与冷却水接触面积减小，由于来自核态沸腾的蒸汽膜太厚，导致接触表面的碎化趋向较弱。

7.3.1.3　熔融铜液柱质量对接触碎化的影响

从图 7-11 可以看出，随着熔融金属质量增加，金属液柱连续性增强，最大空腔体积并没有很大变化。结合下图展示，当其他条件不变时，熔融铜液柱质量增大对接触碎化的整体概率没有明显影响，但是对碎化种类有影响：随着熔融金属铜液柱质量增加，碎化类型向碰撞碎化类型靠近，即 BY 和 BN。

图 7-28 展示了熔融铜液柱质量对接触碎化类型概率的影响。对于质量较小的熔融铜液柱（$M < 400g$），在水中的碎裂可能性较大，而在容器底部的铜液柱的碎裂可能性较小。这可以归因于熔融铜液柱内部储存的热能较少。实际上，随着熔融铜液柱质量减小，其内部的储能减少，因此下落过程中的热损失占据总热能的比例较大。一部分液柱在到达容器底部之前已经固化，因此在容器底部的撞击并不足以破坏铜液柱表面的结构。相反，对于大质量的熔融铜液柱（$M \geqslant 400g$）

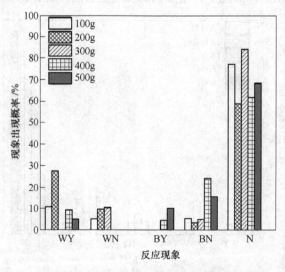

图 7-28　铜液柱质量的影响概率统计

来说，熔融铜液柱内部的热量很大，因此在容器底部发生初始碎化的可能性增加。即 WY 或 WN。熔融铜液柱的表面结构平衡也可能由于对容器底部的剧烈撞击而破裂，从而导致射流在熔融铜表面上发生。随后，由于熔融铜的射流与周围的冷却水之间进行了激烈的热交换，因此产生了碎化传播现象。

7.3.1.4 熔融铜液柱下落高度对接触碎化的影响

从图 7-29 看到，随着熔融金属铜液柱下落高度增加，熔融铜液柱在反应容器底部撞击产生的颗粒反射半径增大，当下落高度增加到 130cm 后发生了蒸汽爆炸反应现象。结合图 7-29 熔融金属铜液柱下落高度增加后液柱撞击容器底部颗粒反射半径的变化可以得到以下结论：熔融金属下落高度增加可以促进铜液柱的接触碎化现象。

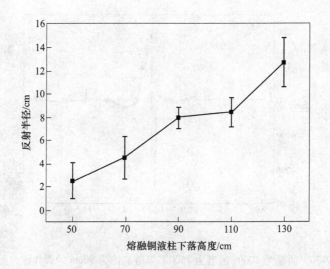

图 7-29 底部金属颗粒反射半径

图 7-29 展示了随着熔融金属铜液柱下落高度增加，液柱撞击容器底部后金属颗粒的反射半径变化。从图中可以看到，下落高度增加后，颗粒反射半径不断增大，这是由于随着下落高度增加，熔融金属液柱携带的重力势能增加，金属颗粒的动能在底部释放引起碎化程度增加。

另一方面，熔融铜液柱与冷却水接触时的相对速度逐渐增大，开尔文-亥姆霍兹不稳定性增强，导致熔融金属铜液柱的表层金属脱离整体发生射流状碎化，这种射流会加剧熔融金属铜液柱与冷却水的传热，引起蒸汽膜波动甚至破坏蒸汽膜，增大熔融金属与冷却水的接触面积。这种射流即初次碎化引起液柱整体结构破坏，最终引起剧烈的碎化反应和蒸汽爆炸现象。

7.3.2　1000g 以上尺度熔融铜液柱与冷却水接触碎化

7.3.2.1　蒸汽爆炸的冲击波超压

对于大尺度熔融金属铜液柱与水接触相互作用来说，发生碎化反应而造成的蒸汽爆炸更剧烈，冲击波超压更大。这种冲击波携带金属颗粒物向周围扩散，与周围的介质发生碰撞，对周围物体和设备造成冲击作用。

图 7-30 是大尺度熔融金属铜液柱发生蒸汽爆炸时的压力图像，最大压力峰值已经达到 194kPa。这种级别的冲击波以间断压力在介质中传播，这种间断压力在介质中传播时，介质的密度和压强等一系列物理性质会发生急剧变化。冲击波超压增大到一定级别后，会对周围的设备和人员造成破坏作用。

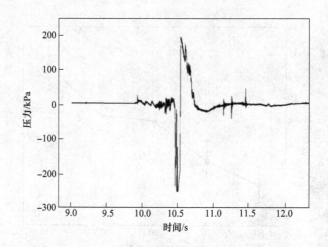

图 7-30　质量为 2000g 温度为 1500℃下落高度为 90cm 的爆炸压力图像

发生爆炸的瞬间，铜-水混合爆炸区域急剧膨胀冲击反应容器以致破坏有机玻璃缸向四周扩散冲击波超压。使用瞬时压力测量装置测得的不同条件下的冲击波超压值如表 7-12 所示，该表中的数据用的是型号为 KD2002-04X 的压力传感器，测得的压力为空气中的压力，压力传感器安装在水面以上 20cm 处。

表 7-12　冲击波超压值

液柱质量/kg	液柱温度/℃	下落高度/cm	冷却水质量/kg	压力传感器距反应点距离/m	峰值压力/kPa
2	1200	90	4	0.2	136
2	1300	90	4	0.2	150
2	1400	90	4	0.2	183
2	1500	90	4	0.2	194

7.3.2.2 蒸汽爆炸中的能量转化

熔融铜液柱与冷却水相互作用发生蒸汽爆炸极大部分属于物理爆炸，高温熔融铜中的热能通过机械能的方式向外界传播。当爆炸产物向外高速膨胀，压缩爆炸点的空气形成压力很高的初始冲击波[15]。剧烈的蒸汽爆炸反应形成的冲击波超压与爆炸能量大小有关，爆炸释放的能量越大，冲击波超压越大。

本节计算熔融金属爆炸能量时，由于蒸汽爆炸发生在水中，而超压是在空气中测量的，因此首先将空气中的超压转换为冷却水表面的超压。压力波随距离的衰减由以下公式估算[16]

$$p = \Delta p r^{-b} \tag{7-1}$$

式中 p——水位以上20cm位置的超压，Pa；

Δp——冷却水表面的超压，Pa；

r——两点的距离。22.36cm；

b——常数，1.82。

Cole[17]的水下爆炸冲击波超压的经验计算公式为：

$$\Delta p = \alpha \left(\frac{\sqrt[3]{\omega}}{R} \right)^{\beta} \tag{3-9}$$

式中 Δp——水面冲击波超压，Pa；

R——水面到爆炸中心的距离，m；

ω——TNT当量，kg；

α，β——与炸药性能有关的经验参数，α 为 5.24×10^7，β 为 1.13。

爆炸产生的冲击波能量与TNT当量的炸药爆炸所产生的能量（4.184×10^6 J/kg）之间的关系为：

$$Q_1 = \omega \cdot Q_2 \tag{3-10}$$

式中 Q_1——熔融锡液遇水爆炸产生的冲击波能量，J；

Q_2——TNT当量的炸药爆炸所产生的能量，J/kg。

熔融金属铜液柱与冷却水相互作用发生爆炸的能量全部来源于熔融铜液柱自身存储的热能。熔融铜液柱的热能计算公式如下：

$$E_{Cu} = m_{Cu} \left(\int_{T_0}^{T_p} c_{p,s} \, dT + \int_{T_p}^{T_{Cu}} c_{p,l} \, dT + \lambda_{Cu} \right) \tag{7-2}$$

式中 E_{Cu}——熔融铜的热能，kJ；

m_{Cu}——熔融铜的质量，kg；

$c_{p,s}$——固体金属铜的比热容，J/(kg·K)；

$c_{p,l}$——液体金属铜的比热容，J/(kg·K)；

λ_{Cu}——金属铜的熔化潜热，kJ/kg。

爆炸能量转化率计算公式为：

$$\eta = \frac{Q_1}{E_{Cu}} \tag{7-3}$$

将表 7-12 的数据代入上述公式即可计算出 TNT 当量的质量、爆炸能量、熔融铜液柱热量和爆炸能量转化率，如表 7-13 所示[18]。

表 7-13　数据计算表

液柱质量/g	液柱温度/℃	距离/m	TNT 当量质量/g	爆炸能量/kJ	液柱热量/kJ	能量转化率/%
2000	1200	0.07	0.155	0.649	1350.3	0.0481
2000	1300	0.08	0.300	1.257	1428.5	0.0880
2000	1400	0.07	0.341	1.428	1506.8	0.0948
2000	1500	0.08	0.595	2.488	1688.9	0.1473

从表 7-13 可以看到，随着熔融铜温度的升高，TNT 当量质量和能量转化率增大。这是由于铜液柱温度越高，单位面积的热能越大，蒸汽膜坍塌后冷却水蒸发得越快。另外，蒸汽爆炸的能量转换率在 0.05% ~ 0.15% 范围内，表明熔融铜的大部分热量是通过传热的方式散失到冷却水中的。

7.3.3　不稳定性机理分析研究

在熔融金属与冷却水接触过程中，整个实验系统处于非热力学平衡态。由于温度梯度及质量密度梯度的存在，在金属液柱内部及金属与冷却水、冷却水与水蒸气等都存在应力梯度及质量转换梯度。这种应力梯度及密度梯度会在微观尺度上发展，表现为不稳定性力（如瑞利-泰勒不稳定性等）。这种不稳定性力会影响熔融金属液柱的形态变化进而对熔融金属与冷却剂相互作用产生影响。

（1）马兰戈尼效应[19]。熔融金属温度降低时引起马兰戈尼效应增强。马兰戈尼效应指的是由于在不同液体的界面存在表面张力梯度导致界面之间出现质量传递的现象；当同种液体由于温差等原因也会出现马兰戈尼效应，表现在同种液体界面时，其表现形式为切向剪应力。

熔融金属表面张力会随着温度降低而增强，熔融金属表面任一点处其表面张力可以表示为[6]：

$$\gamma_m \approx \gamma_0 + \frac{d\gamma}{dT}(T_w - T_0) \tag{7-4}$$

式中　T_0——熔融金属的初始温度；对于金属铜来说，在标准大气压下，T_0 为

　　　　1083℃；$\frac{d\gamma}{dT}$ 的数值为 −0.13mN/mK；

　　　T_w——熔融金属的温度，℃。

　　　γ_0——熔融金属的初始表面张力，N/m。对于金属铜来说，在标准大气压下的熔点温度时，γ_0 为 1285mN/m。

从此式可以看到，随着熔融金属温度下降，金属的表面张力会逐渐增大，并且 A 处由马兰戈尼效应所引起的切向剪应力大小为[6]：

$$\tau \approx \frac{\mathrm{d}\gamma_{\mathrm{m}}}{\mathrm{d}T}(T_{\mathrm{w}} - T_0) \tag{5-1}$$

一方面，当熔融金属内部存在温差时，温差越大，熔融金属内部所受到的切向剪应力越大。随着熔融金属铜液柱温度降低，液柱的表面张力增大，切向剪应力增大。金属液柱在内部加速度作用下更容易发生结构变形产生碎化。在另一方面，当熔融金属铜液柱与冷却水之间存在巨大的温差时，液柱表层与冷却水之间也会发生由马兰戈尼效应所引起的质量传递趋势，但是由于金属与冷却水间有蒸汽层的存在，这种质量传递趋势更大可能的作用在蒸汽膜，影响蒸汽膜的稳定性。

（2）莱顿弗罗斯特效应[20]。温度升高时引起莱顿弗罗斯特效应增强。莱顿弗罗斯特效应是指当低温液体与高温固体间存在巨大的温度差时，低温液体不会润湿高温的固体表面，在高温固体表面与液体之间形成一层蒸汽层，减缓高温固体与低温液体间的传热和液体的气化速度。而产生此效应的温度临界值，即低温液体进行稳定的膜态沸腾所需最低温度，称为莱顿弗罗斯特温度点。

而熔融金属铜液柱与冷却水瞬时接触界面的表面温度可以用下式表示：

$$T_{\mathrm{c}} = (T_1 + aT_0)/(1 + a) \tag{7-5}$$

这里

$$a = (k_{\mathrm{m}}\rho_{\mathrm{m}}c_{\mathrm{pm}}/k_{\mathrm{w}}\rho_{\mathrm{w}}c_{\mathrm{pw}})^{1/2} \tag{7-6}$$

式中　T_{c}——接触界面温度，℃；

T_1——冷却水温度，℃；

T_{w}——熔融金属温度，℃；

k_{m}——熔融金属铜的传热系数，$W/(m^2 \cdot K)$；

ρ_{m}——熔融金属铜的密度，kg/m^3；

c_{pm}——熔融金属铜的比热容，$J/(kg \cdot K)$；

k_1——冷却水的传热系数，$W/(m^2 \cdot K)$；

ρ_1——冷却水的密度，kg/m^3；

c_{p1}——冷却水的比热容，$J/(kg \cdot K)$。

对于铜-水接触界面的温度来说，在铜温度为 1100℃，冷却水温度为 20℃的情况下，$a = 14.5$。在这种情况下接触界面的温度 T_{c} 比熔融金属温度 T_{w} 约低 80℃。

而对于熔融铜的光滑表面来说[8]，其莱顿弗罗斯特平均温度点约为 360℃，而对于粗糙的熔融铜表面的粗糙表面来说，其莱顿弗罗斯特平均温度点约为406℃。而熔融铜液柱温度可以达到1500℃以上，铜液柱与冷却水接触界面的温度可达到1400℃，界面温度远远高于莱顿弗罗斯特平均温度点，熔融金属液柱的表面将出现稳定的膜态沸腾现象阻止熔融金属与冷却水直接接触从而抑制了熔融金属铜液柱与冷却水的相互作用。

（3）瑞利-泰勒不稳定性[21]、开尔文-亥姆霍兹不稳定性[14]。热流体与冷却剂相对速度增加可导致开尔文-亥姆霍兹效应增强。

熔融金属与冷却水接触的自由界面垂直方向加速度产生瑞利-泰勒不稳定性和切线方向剪切力产生的开尔文-亥姆霍兹不稳定性。而熔融铜液柱进入冷却水后，铜液柱与冷却水的相对速度会产生切向剪切力，这种作用力与液柱的表面张力相互作用，如果剪切力大于表面张力，液柱就会产生切向加速度，铜液柱与冷却水的相对速度越大，产生的切向加速度越大，熔融铜液柱越容易发生形变而导致碎化反应。

对熔融金属液柱来说，其垂直于熔融金属液柱端部的方向受到瑞利-泰勒不稳定性作用力，其平行于熔融金属液柱的方向产生的剪切力形成开尔文-亥姆霍兹不稳定性。在上述两种不稳定性中，波长与冷却水的密度成反比，因此当熔融金属周围的流体介质由冷却水相变为水蒸气时，由于水蒸气的密度远小于冷却水的密度，波长会急剧增加，熔融金属液柱所受到的扰动也会急剧增加。当熔融金属下落高度增加时，其与冷却水以及水蒸气的相对速度增加，金属与流体介质的接触界面干扰增强，熔融铜液柱的碎化可能性增大。

7.3.4　触发机理分析

在观察多次碎化现象后，发现了熔融铜液柱与冷却水相互作用的两种触发机制：自身的初始射流导致液柱的整体碎化以及经过底部容器撞击而触发的液柱整体碎化。

（1）初始射流。图7-31展示了初始射流的图像实例，在很多碎化过程中发现了初始射流的存在，这种由于不稳定性或由于接触阻力而触发的尖刺状金属膨胀被称为初次射流[22]。这种射流会触发金属液滴数量的猛然增加，这种液滴数量的突然增加会触发接下来的碎化增殖以及蒸汽爆炸。大量金属液滴与冷却水混合形成的金属-冷却水混合区被称为热爆炸预备区域，在随后的微秒级别的时间内会发生强烈的热爆炸。

（2）撞击触发。图7-32展示了由于自身重力作用下的撞击导致的碎化现象。这种现象表明在外力干扰下可以促进熔融铜液柱与冷却水之间的碎化反应。撞击触发下的碎化机理与初始射流类似，撞击可能会触发金属液滴数量的猛然增加，随后触发碎化增殖及蒸汽爆炸。

图 7-31　初始射流　　　　　　　图 7-32　撞击碎化

7.3.5　入水形态机理分析

图 7-33 显示了熔融铜液柱在下落过程中的两种典型流体形态结构：流线型结构[23]和夹裹型结构[24]。图 7-34 与图 7-35 展示了与冷却水接触的熔融铜液柱的两种碎化模型：失稳引起的碎化模型和夹裹结构的碎化模型。

　　A　流线型结构

图 7-33（a）和图 7-33（c）分别以流线型结构和局部放大图呈现了熔融铜液柱落入冷却水中的序列图像。如图 7-33（a）和图 7-33（c）所示，熔融铜液柱的端部具有流线型结构，因此减小了熔融铜液柱和蒸汽膜之间的接触阻力。在内部或外部干扰的影响下，当铜液柱落入冷却水中时，熔融铜表面的蒸汽膜变得不稳定，蒸汽膜可能会局部塌陷。蒸汽膜的不稳定和破裂有一些潜在的原因。一方面，蒸汽膜受瑞利-泰勒不稳定性的影响。当界面的动能和势能大于表面张力时，蒸汽膜破裂，熔融铜和冷却水之间发生直接接触，这进一步导致铜碎裂。另一方面，根据开尔文-亥姆霍兹不稳定性的假设理论，由于熔融铜液柱和冷却水及水蒸气的相对速度引起的剪切力与表面张力的相互作用导致铜柱碎裂。

图 7-34 给出了相应的不稳定性诱发的破碎模型[11]。图中可以看到第一次碎化反应发生在 6ms，这是由于蒸汽膜的破裂引起的。如果第一次碎化产生的熔融铜射流强度不足以促进碎化扩散，则水中的初始碎化不会触发碎化增殖（WN）。第一次碎化后，其余的熔融铜液柱在重力作用下与容器底部碰撞，导致碎化扩散。因此，发生了在容器底部的熔融铜液柱的初始碎化和随后的碎化增殖反应（BY）。

　　B　夹裹型结构

图 7-33（b）和图 7-33（d）分别显示了具有夹裹结构的熔融铜液柱落入冷

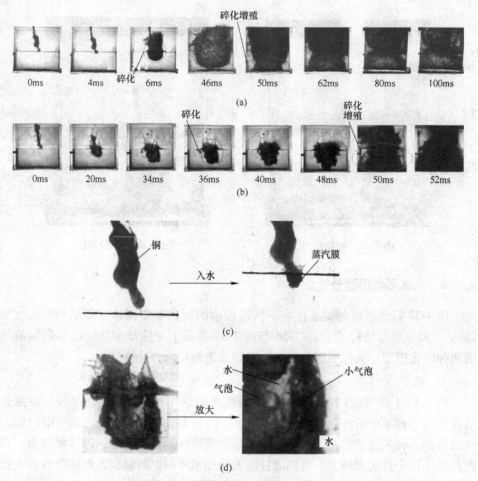

图 7-33　熔融铜柱的形态结构
（a）流线结构的序列图像；（b）夹裹结构的序列图像；
（c）流线型结构的局部放大图像；（d）夹裹结构的局部放大图像

却水中的序列图像和局部放大图像。在某些情况下，在熔融铜液柱在下落过程中会形成凹状夹裹结构，少量水包裹在凹形结构内[11]。由于冷却水和熔融铜之间的温差巨大，因此这些冷却水在短时间内剧烈蒸发，压力急剧增加，破坏了熔融铜液柱的整体结构，促进了熔融铜和冷却水的混合。

图 7-35 展示了夹裹结构落入冷却水中的熔融铜液柱碎化机理模型。第一次碎化产生的体积较大的熔融金属块与容器底部碰撞，触发碎化扩散并形成猛烈的超压反应，即容器底部的初始碎化并触发碎化增殖（BY）。实际上，一旦形成夹裹结构，在所有实验中都会观察到熔融铜液柱在冷却水中的初始碎化和碎化增殖机制（WY）。

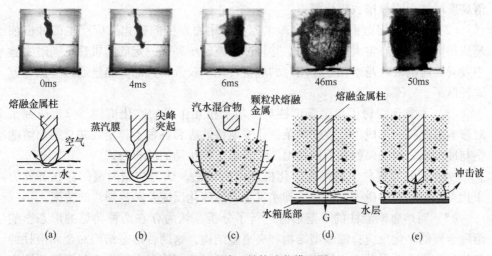

图 7-34　流线型结构碎化模型图

（a）与水接触；（b）穿过水面；（c）初次碎化；（d）与底部碰撞；（e）碎化增殖

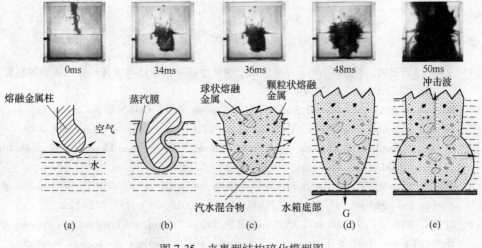

图 7-35　夹裹型结构碎化模型图

7.4　小结

本章主要对高温熔融铜液柱与冷却水相互作用的碎化反应做出了分析研究。分析研究发现：

（1）熔融铜液柱与冷却水的碎化反应影响因素有温度、质量、下落高度等。熔融铜液柱在更接近熔点温度的情况下碎化概率更大，温度升高反而会降低碎化概率；熔融铜液柱的质量会改变碎化位置，质量增大会增大底部碎化的概率；下落高度增加会明显增大碎化概率。

　　（2）大尺度熔融铜液柱与冷却水相互作用而发生的碎化反应产生的冲击波超压很大，具有非常大的破坏力，并且冲击波超压具有一定的随机性，同时实验中发现熔融铜液柱与水相互作用时的能量转化率较低，大部分热量通过传热等方式耗散了。

　　（3）本章还探讨了熔融铜液柱与冷却水相互作用的碎化机理。分析研究了对影响蒸汽膜的形成以及扰动的莱顿弗罗斯特效应和各种不稳定性并总结出熔融铜与冷却水之间的莱顿弗罗斯特温度和不稳定性扰动的波长公式。

　　（4）对实验现象中的触发碎化机理做出讨论，认为初始射流的存在和外力干扰可能是触发熔融铜液柱与冷却水发生剧烈碎化反应及蒸汽爆炸的关键。

　　（5）对熔融铜液柱的下落形态进行了分析，认为存在两种典型的形态影响熔融金属的碎化反应：流线型结构和夹裹型结构，这两种形态结构对金属液柱的碎化反应影响效果并不相同。流线型结构主要影响了熔融金属由于膜态沸腾而产生的稳定蒸汽膜，而夹裹型结构则通过内部冷却水的膨胀破坏液柱结构。

参 考 文 献

[1] 王昌建, 宋敬鸽, 李满厚, 等. 一种应用于中尺度熔融铁液柱与水接触爆炸实验的装置 [P/OL]. CN110274932A, 2019-05-15.

[2] Mannickam L. An Experimental Study on Melt Fragmentation, Oxidation and Steam Explosion during Fuel Coolant Interactions [D]. Stockholm: KTH Royal Institute of Technology, 2018.

[3] Shi Tong F. Study on the Growing Ragularity of a Steam Cavity in Steam Flooding of Block Qi 40 [J]. Special Oil & Gas Reservoirs, 2013, 20 (1): 92~94.

[4] Zhao Q, Chen W, Yuan F, et al. Pressure oscillation and steam cavity during the condensation of a submerged steam jet [J]. Annals of Nuclear Energy, 2015, 85 (11): 512~522.

[5] Li Y K, Wang Z F, Lin M, et al. Experimental Studies on Breakup and Fragmentation Behavior of Molten Tin and Coolant Interaction [J]. Science and Technology of Nuclear Installations, 2017, 4576328.

[6] Brandes E A, Brook G B. Smithells Metals Reference Book [M]. Oxford: Butterworth-Heinemann, 1992.

[7] Sparrow E M, Cess R D. The Effect of Subcooled Liquid on Laminar Film Boiling [J]. Journal of Heat Transfer, 1962, 84 (2): 149~155.

[8] Żyszkowski W. On the transplosion phenomenon and the Leidenfrost temperature for the molten copper-water thermal interaction [J]. International Journal of Heat and Mass Transfer, 1976, 19 (6): 625~633.

[9] Corradini M L. Phenomenological Modeling of the Triggering Phase of Small-Scale Steam

Explosion Experiments [J]. Nuclear Science and Engineering, 1981, 78 (2): 154~170.

[10] Rini D P, Chen R H, et al. Bubble Behavior and Nucleate Boiling Heat Transfer in Saturated FC-72 Spray Cooling [J]. Journal of Heat Transfer, 2002, 124 (1): 63~72.

[11] Song J G, Wang C J, Chen B, et al. Phenomena and mechanism of molten copper column interaction with water [J]. Acta Mechanica, 2020, 231: 2369~2380.

[12] Żyszkowski W. Thermal interaction of molten copper with water [J]. International Journal of Heat & Mass Transfer, 1975, 18 (2): 271~287.

[13] Żyszkowski W. Study of the thermal explosion phenomenon in molten copper-water system [J]. International Journal of Heat and Mass Transfer, 1976, 19 (8): 849~868.

[14] Vujinovic'A A, RakovecS J Z. Kelvin-Helmholtz Instability [M]. Encyclopedia of Microfluidics and Nanofluidics. Springer New York, 2015.

[15] Hulin H, Kolev N I. Shock waves in multiphase flow of fuel-coolant interaction [J]. International Journal of Thermal Sciences, 2000, 39 (3): 354~359.

[16] Harvey J, Nandakumar J, Krishnan L V. Attenuation of shock parameters in air and water [J]. 1983, 21 (2): 149~158.

[17] Cole R H, Weller R. Underwater Explosions [J]. Physics Today, 1948, 1 (6): 35.

[18] Chen L, Shen Z H, Chen B, et al. Steam Cavity and Explosion Intensity of Molten Copper Column Interaction with Water [J]. Journal of Loss Prevention in the Process Industies, 2021, T1: 104470.

[19] Shantharama, Kalpathy S K. Switching the Roles of Wettability-based Patterns Through Solutal Marangoni Effect [J]. Colloid & Interface Science Communications, 2018, 22: 5~10.

[20] Kim H, Truong B, Buongiorno J, et al. Effects of Micro/Nano-Scale Surface Characteristics on the Leidenfrost Point Temperature of Water [J]. Journal of Thermal Science and Technology, 2012, 7 (3): 453~462.

[21] Kull H J. Theory of the Rayleigh-Taylor instability [J]. Physics Reports, 1991, 206 (5): 197~325.

[22] 宋敬鸽. 熔融金属铜液柱与水作用动力学特性研究 [D]. 合肥: 合肥工业大学, 2020.

[23] Liu, Wei G. Feature Description for Streamlined Structure [J]. Applied Mechanics & Materials, 2010, (34~35): 1284~1288.

[24] Zhang Y, Cao M, Guo G, et al. A novel tube-structure entrapped curing accelerator for prolonging the shelf-life of epoxy resin-based microelectronic packaging material [J]. Journal of Materials Chemistry, 2002, 12 (8): 2325~2330.

8 熔融铝撞击水面动力学行为

8.1 实验装置与实验方案介绍

为了能深入研究高温熔融金属液滴[1, 2]、液柱[3]与冷却水接触导致的蒸汽爆炸[4]发展过程，同时探究金属温度[5]、下落速度[6]、金属尺寸[7]、气体环境[8]等因素对相互作用的影响，需设计和搭建一套方便操作且可以实现可视化观测的熔融铝和冷却水直接接触的实验装置[9]，并设计合理的实验方案。本章所涉及的实验装置和实验方案与第 3 章相同，区别在铝-水[10, 11]实验中，设定熔融铝的温度为 800~1050℃，释放高度分别为 80cm 和 40cm。

8.2 熔融铝滴与水作用实验研究

以铝液温度和下落高度作为实验变量，从实验图像和作用产物两个方面对铝液滴和冷却水之间的相互作用进行了观察和分析，内管孔径保持为 3mm，实验中没有通入惰性气体，同工况下每组实验做 5 次。

A 铝液温度对相互作用的影响

实验使用的熔融炉最高加热温度为 1100℃，为了保证实验的安全性和保护实验装置，把铝液温度范围上限定为 1050℃。图 8-1 和图 8-2 分别给出了 800℃ 和 1050℃ 的铝液滴与冷却水相互作用的实验图像，液滴下落高度均固定为 80cm。从图上可以看到，铝液滴头部入水后，水面上出现弹坑结构和王冠结构，随着液滴的下沉，王冠结构增大增高，弹坑也在不断扩大，同时水面下形成泡状区域，需要注意的是，同工况下各次实验中王冠结构和泡状区域的形态及大小有所不同，本文认为这与铝液滴本身形态和入水角度有关。40ms 左右时，王冠结构和泡状区域的尺寸达到最大，随即开始收缩，此时铝液滴也开始脱离泡状区域，再经过数十毫秒的收缩，水面上形成向上的射流。从实验图像上来看，800℃ 和 1050℃ 的铝液滴与冷却水之间的相互作用无明显差别，所有实验中均没有发生铝液滴的碎化[12, 13]行为。

图 8-3 展示了相互作用后的产物。800℃ 工况和 1050℃ 工况无明显差别，产物大多呈空心壳状，部分表面上有明显的洞，这是瑞利-泰勒不稳定性造成的扰动导致了冷却水刺入铝液滴内部形成的。铝滴进入冷却水中后周围迅速生成蒸汽

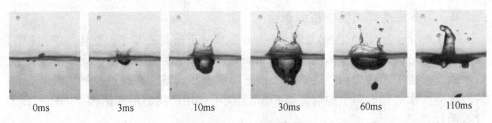

图 8-1　800℃铝液滴从 80cm 处下落并和冷却水相互作用

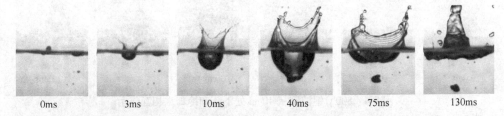

图 8-2　1050℃铝液滴从 80cm 处下落并和冷却水相互作用

膜，然而由于熔融铝液极易被氧化，其表面形成了致密的氧化层，因此开尔文-亥姆霍兹不稳定性[14]从平行于冷热流体交界面的方向上对蒸汽膜造成的扰动很难对铝液滴本身产生明显影响，而瑞利-泰勒不稳定性[15]造成的扰动是在垂直于交界面的方向上，相对更容易对铝液滴产生影响。冷却水进入铝液滴内部后迅速生成蒸汽并开始膨胀，然而液滴表面致密的氧化膜阻碍了膨胀过程，因此没有发生蒸汽爆炸和碎化行为。

图 8-3　铝液滴和冷却水相互作用的产物

　　桑迪亚实验室的 Nelson[1, 2]对 1000～1800K 的纯铝及铝锂合金液滴与冷却水的相互作用进行了研究，结果在所有无外界触发条件下的实验中，均未发生蒸汽爆炸或者液滴碎化行为。本书认为熔融铝滴与冷却水之间的相互作用很难发生自发的蒸汽爆炸，铝液温度的改变对相互作用产生的影响比较有限，这与熔融锡滴不同。需要注意的是，在 Nelson 的实验中，通过电触发的形式给相互作用过程引入外界瞬态压力波和瞬变流动，结果部分实验中发生了蒸汽爆炸。

B　下落高度对相互作用的影响

图 8-4 所示为 800℃的锡液滴从 40cm 高度处下落与冷却水相互作用的过程图像。从图中可以看到，整体的过程与 80cm 工况所观察到的基本一致，液滴入水后水面上形成王冠结构和弹坑结构，水下形成泡状区域，在经过扩展阶段和收缩阶段之后，水面形成向上的射流。40cm 工况下作用产物的形态结构与 80cm 工况没有明显差异。

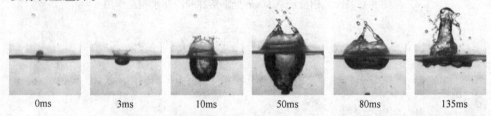

|0ms|3ms|10ms|50ms|80ms|135ms|

图 8-4　800℃铝液滴从 40cm 处下落和冷却水相互作用

下落高度的改变实际上是对冷热流体间的相对速度的改变，从而可能对相互作用中受到扰动的程度产生影响，然而在熔融铝液滴和冷却水相互作用的过程中开尔文-亥姆霍兹不稳定性的扰动作用比较有限，因此，改变液滴下落高度后，相互作用现象没有发生明显的变化。

8.3　熔融铝柱与水作用实验研究

实验研究了熔融铝液柱和冷却水之间的相互作用，先后改变铝液温度、铝柱直径、气体环境和水箱尺寸，对影响相互作用的因素进行了探索，实验过程中通过瞬态压力测量系统对作用过程中的压力波情况进行了测量和记录，每次实验中熔化 150g 的高纯铝粒，同工况下每组实验做 3 次。

8.3.1　铝液温度对相互作用的影响

图 8-5 和图 8-6 分别给出了 800℃和 1050℃的铝液柱和冷却水相互作用的过程图像，可以看到 1050℃的铝液柱呈橙红色。从铝液柱的形态变化来看，两个工况下都没有明显的碎化行为，条状的铝液柱接触到水面后立即发生了形变和膨胀，尤其是 1050℃的工况，从图中可以清晰地看到水下的铝液柱直径明显增大。

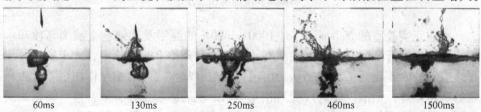

|60ms|130ms|250ms|460ms|1500ms|

图 8-5　800℃铝液柱从 80cm 处下落并和冷却水相互作用

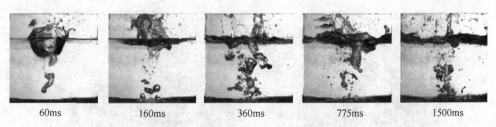

60ms 　　　 160ms 　　　 360ms 　　　 775ms 　　　 1500ms

图 8-6 　1050℃铝液柱从 80cm 处下落并和冷却水相互作用

从冷热流体相互作用的过程来看，1050℃工况下由于铝液柱的热能更高，所以生成的蒸汽量更多，产生的蒸汽泡较多。铝液柱沉积到水箱底部后仍然有气泡不断的向上冒出，说明此时铝液还在与冷却水进行着相互作用。

在 800℃工况下，压力传感器检测到的压力值达不到瞬态压力测量系统预设的触发值（约 1.5kPa），而在 1050℃工况下，尽管有两次实验记录下了压力波的变化情况，但是检测到的压力值很小。图 8-7 给出了其中一次实验记录下的压力波曲线，从图上可以看到，检测到的压力值不超过 2kPa，压力波变化很小。

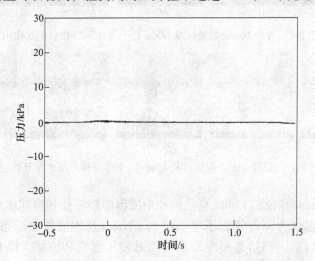

图 8-7 　1050℃铝液柱从 80cm 处下落并和冷却水相互作用的压力波曲线

图 8-8 展示了两个工况下的作用产物，可以看到铝液柱沉积到水箱底部后聚集成了一个凹凸不平的块状产物，这是由于铝液沉积在底部时温度较高，仍具有一定流动性，相互之间粘在了一起。800℃和 1050℃两个温度工况下形成的作用产物没有明显的区别。

8.3.2　液柱直径对相互作用的影响

实验中通过更换不同孔径的内管，改变了铝液柱的直径，图 8-9 和图 8-10 分

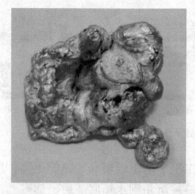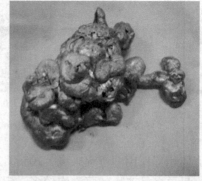

图 8-8　从直径为 5mm 的孔中流出的铝液柱和冷却水相互作用的产物

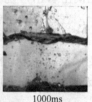

60ms　　　　　160ms　　　　　300ms　　　　　450ms　　　　　1000ms

图 8-9　直径 10mm 铝液柱从 80cm 处下落并和冷却水相互作用

60ms　　　　　120ms　　　　　180ms　　　　　260ms　　　　　560ms

图 8-10　直径 15mm 铝液柱从 80cm 处下落并和冷却水相互作用

别给出了从 10mm 直径和 15mm 直径的孔中流出的铝液柱和冷却水相互作用的过程图像，铝液温度为 1050℃，下落高度为 80cm。从铝液柱的形态变化上来看，增加液柱直径以后，仍然是和冷却水接触时发生形变和膨胀，没有产生碎化行为。从冷热流体相互作用的过程来看，随着液柱直径的增加，冷却水中生成的蒸汽泡更容易附着在液柱周围而上浮的较晚，这可能是由于冷热流体接触面积增加，生成的蒸汽更均匀，蒸汽泡也相对更稳定。需要特别指出的是，在 10mm 孔径的工况中，水箱底部的沉积物在 4300ms 左右突然膨胀，如图 8-11 所示，这类似于锡液柱和冷却水相互作用中剧烈蒸汽爆炸的启动过程，但是整个膨胀过程和锡液柱实验中相比相对缓慢。从 4200ms 的图片上可以看到有一团气泡在沉积物右侧浮动，本书认为正是这一团气泡干扰了周围冷却水的运动，导致沉积物内部冷热流体大面积接触，热能得到较大的释放，产生了相对剧烈的蒸汽膨胀，然而由于致密的氧化膜对膨胀过程造成了较大的阻碍，没有形成典型的蒸汽爆炸。

| 4200ms | 4280ms | 4370ms | 4620ms | 5100ms |

图 8-11　沉积物的突然膨胀

　　由于瞬态压力测量系统预设的记录时间为 3s，而沉积物突然膨胀的行为发生在 4s 之后，而且本节仅有一次实验中出现了沉积物突然膨胀的现象，因此没有检测到这一行为产生的压力波变化。图 8-12 给出了从不同直径的孔中流出的铝液柱和冷却水相互作用过程的压力波曲线，图 8-12（a）曲线是孔径为 10mm 的

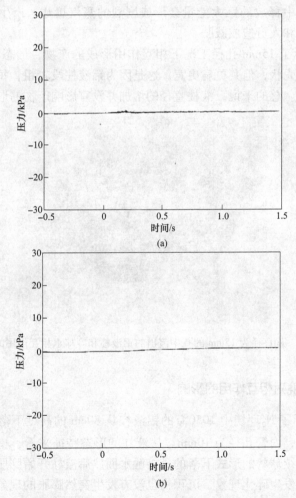

图 8-12　不同直径铝液柱从 80cm 处下落和冷却水相互作用的压力波曲线

（a）10mm；（b）15mm

工况，图 8-12（b）曲线是 15mm 的工况。从图上可以看到，铝液柱直径的变化对相互作用过程中的压力波没有明显的影响，本书实验中 3 个直径工况下的压力波曲线基本上没有比较突出的峰值，曲线整体较为低缓，15mm 工况下的曲线略微有些平缓的上升，可能是热效应的影响。

北京理工大学的辛琦等人[13,14]对熔融铝液与水之间的相互作用进行了一系列研究，实验中单次使用 770~870℃ 的铝液质量约 8kg，水量为 2kg，结果发生了剧烈的蒸汽爆炸，巨大的冲击力使反应仪器周边的物品及设备发生了翻倒和位移，在距水槽 1.26m 的位置检测到最大冲击波 0.095MPa。这说明熔融铝液与冷却水接触是否发生蒸汽爆炸与实验尺度有较大的关系，铝液质量较小时，相互作用中释放的能量不足以破坏表面的氧化层，更不会形成蒸汽爆炸，而铝液质量较大时，相互作用中释放的巨大能量会形成剧烈的蒸汽爆炸，产生高强度的冲击波，对周围结构和人员造成威胁。

图 8-13 展示了 15mm 孔径工况下相互作用形成的产物，形态和 5mm 工况的产物一样呈空心壳状，但其更扁更宽，这是因为铝液柱段较粗，每段液柱沉积时的横截面积更大。总的来说，液柱直径的增加并没有影响产物的形态特征。

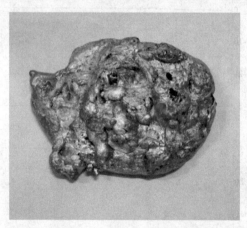

图 8-13　从直径为 15mm 的孔中流出的铝液柱和冷却水相互作用的产物

8.3.3　气体环境对相互作用的影响

图 8-14 展示了 N_2 环境中 1050℃ 的铝液柱从 80cm 的高度下落和冷却水相互作用的过程图像，内管孔径为 10mm。从液柱的形态特征来看，惰性气体保护下液柱更像是以连续球状的形式下落的，接触水面以后液柱开始膨胀，随后沉积在水箱底部，没有发生碎化现象，沉积物也没有发生突然膨胀的现象。从冷热流体的相互作用过程上来看，惰性气体保护下生成蒸汽泡的量相对较大。尽管在实验中惰性气氛下的相互作用并没有产生特别的现象，但是本书认为这不足以说明铝

| 60ms | 120ms | 205ms | 370ms | 760ms |

图 8-14 1050℃铝液柱从 80cm 处下落和冷却水相互作用（孔径 10mm、N₂ 环境）

液表面的氧化膜对相互作用没有影响，因为高温铝液的氧化性极强，炉体内残留的空气和冷却水中的氧气都可能使铝液表面迅速生成致密的氧化膜。

图 8-15 给出了 N₂ 环境下铝液柱和冷却水相互作用过程的压力波曲线。从图上可以看到，曲线上没有比较突出的峰值，惰性气氛对相互作用的强度没有产生明显的影响。

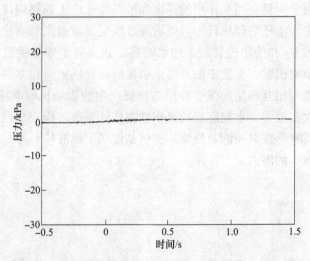

图 8-15 1050℃铝液柱从 80cm 下落和冷却水作用的压力波曲线（孔径 10mm、N₂ 环境）

8.3.4 水箱尺寸对相互作用的影响

为了研究水箱尺寸对相互作用的影响，实验中使用了边长为 10cm 的方形水箱，减少了冷却水量。图 8-16 展示了 1050℃的锡液柱从 80cm 高度处下落和冷却水相互作用的过程图像，内管孔径为 15mm。从图上可以看到，相互作用过程生成的蒸汽泡占据了水体较大的空间，这在一定程度上阻碍了后面下落的铝液柱和冷却水的正常接触，铝液沉积后热能较高，有大量的气泡从底部持续逸出，在相互作用的过程中铝液柱发生了形变和膨胀，没有发生碎化行为[16]。

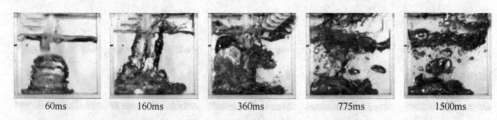

| 60ms | 160ms | 360ms | 775ms | 1500ms |

图 8-16   1050℃铝液柱从 80cm 处下落和冷却水相互作用（孔径 15mm、水箱边长 10cm）

8.4 小结

本章实验研究了熔融铝液滴和液柱与冷却水相互作用的动力学特性，选取了铝液温度、下落高度、液柱直径、气体环境和水箱尺寸等条件作为实验变量，对影响铝液和冷却水相互作用的因素进行了探索。

首先对铝液滴的温度和下落高度分别进行了改变，实验发现在本书设定的变化范围内，这两个变量对相互作用的强度和形态特征产生的影响比较有限，作用过程中液滴并未发生任何碎化行为。然后通过改变锡液温度和液柱直径、向实验装置内持续通入 N_2 和使用边长较小的水箱等方式探究了熔融铝液柱和冷却水之间相互作用的影响因素，实验中没有发生明显的碎化现象，在本书设定的变化范围内，这些变量对相互作用的强度和形态特征产生的影响比较有限，但在 10mm 孔径工况的一次实验中，水箱底部的沉积物在液柱下落过程完成数秒后发生了突然膨胀，虽然没有形成典型的蒸汽爆炸，但是说明了铝液柱和冷却水相互作用也具有发生蒸汽爆炸的潜力。

参 考 文 献

[1] 雷蕾，林萌，周源，等. 蒸汽爆炸中熔融物液滴直径敏感性分析 [J]. 核技术，2013，36（3）：69~74.

[2] 沈致和，汪江涛，李满厚，等. 一种模拟熔融金属液滴与水相互作用的实验装置[P/OL]. CN：110146416A，2019-05-15.

[3] 李天舒，杨燕华，袁明豪，等. 金属物性与冷却剂温度对蒸汽爆炸的影响 [J]. 中国核电，2008，1（1）：75~79.

[4] Corradini M L. Phenomenological Modeling of the Triggering Phase of Small-Scale Steam Explosion Experiments [J]. Nuclear Science and Engineering, 1981, 78（2）：154~170.

[5] Abe Y, Kizu T, Arai T, et al. Study on thermal-hydraulic behavior during molten material and coolant interaction [J]. Nuclear Engineering and Design, 2004, 230（1）：277~291.

[6] 胡逊祥. 熔融锡在水中运动时压力波动特性实验研究 [J]. 原子能科学技术，2008，42：110~115.

［7］ 张荣金，李延凯，周源，等．水滴与液态金属锡相互作用实验研究［J］．核科学与工程，2015，35（3）：568~573．

［8］ 林栋．水滴撞击低熔点熔融金属动力学特性研究［D］．合肥：合肥工业大学，2019．

［9］ Vujinovic A A，Rakovec S J Z. Kelvin-Helmholtz Instability［M］. Springer New York，2015.

［10］ 汪江涛．低熔点熔融金属液柱遇水演变规律研究［D］．合肥：合肥工业大学，2020．

［11］ Furuya M，Arai T. Effect of surface property of molten metal pools on triggering of vapor explosions in water droplet impingement［J］. International Journal of Heat and Mass Transfer，2008，51（17~18）：4439~4446.

［12］ Nelson L S. Steam explosions of single drops of pure and alloyed molten aluminum［J］. Nuclear Engineering and Design，1995，155（1）：413~425.

［13］ 辛琦．熔融铝液遇水碎化分析及爆炸冲击波能量转化［D］．北京：北京理工大学，2015．

［14］ 辛琦，吕中杰，冯杰，等．熔融铝液遇水碎化研究［J］．兵工学报，2014，35（S2）：228~232．

［15］ Wang J T，Li M H，Chen B，et al. Experimental study of the molten tin column impacting on the cooling water pool［J］. Annals of Nuclear Energy，2020，143：107~464.

［16］ 王骞．低熔点熔融金属与水作用动力学特性研究［D］．合肥：合肥工业大学，2019．